EL GRAN COLISIONADOR DE HADRONES

El Gran Colisionador de Hadrones.
Historias del laboratorio más grande del mundo

Primera edición: UAS, 2013
Segunda edición: UAS/Proceso, 2015

Diseño de interiores: Cynthia Martínez

Diseño de cubierta: José Luis Fuentes

Los editores agradecen al © CERN, al © DESY y a la revista *Symmetry* por el uso de las imágenes contenidas en este volumen.

ISBN UAS: 978-607-737-083-3
ISBN Proceso: 978-607-7876-15-1

Impreso en México / Printed in Mexico

EL GRAN COLISIONADOR DE HADRONES

HISTORIAS DEL LABORATORIO MÁS GRANDE DEL MUNDO

Gerardo Herrera Corral

ediciones proceso

carta a Carolina

PRÓLOGO

Paolo Giubellino

El doctor Gerardo Herrera es un investigador de enorme prestigio, adquirido por su trabajo en grandes proyectos internacionales, en los que sobresalen aquellos en donde al conocimiento se unen virtudes en apariencia contradictorias como creatividad y determinación, visión y constancia. Es uno de los mejores investigadores de Latinoamérica en el campo de la partículas elementales, y en los últimos años se ha dedicado a realizar experimentos en los cuales se generan bolas de fuego a temperaturas jamás antes creadas por los seres humanos que recrean las condiciones de los primeros instantes del universo justo después del big bang. Es también el impulsor del grupo más grande formado por investigadores mexicanos de diferentes instituciones tradicionalmente en competencia académica que haya participado en un proyecto internacional. El lector puede estar seguro de que lo que va a leer ha sido tratado con el mismo cuidado, conocimiento y atención que reciben los datos experimentales más valiosos y complejos, pero también de que va a disfrutar de otra virtud del autor: su capacidad para divulgar la ciencia, tarea a la que se ha dedicado desde hace muchos años mediante entrevistas, artículos y conferencias.

Para mí es un privilegio escribir unas palabras de presentación de este libro, que toca una multitud de temas de ciencia con rigor profesional y entusiasmo, que permite una lectura apasionante y amena, pero nunca superficial. Los lectores van a disfrutar de un emocionante viaje que los llevará a los confines de lo que la humanidad sabe hoy sobre el universo y su estructura, hasta los más microscópicos ladrillos que dan forma a los núcleos de los átomos; descubrirán cómo los científicos de todos los tiempos han pensado, buscado y construido sus ideas. Y tales historias se les abrirán como cuentos sobre la primera computadora humana del CERN, los Beatles, la radiografía y el Gran Colisionador de Hadrones, el uso de protones para tratar el cáncer, entre muchas otras cosas. Estamos, en fin, ante una obra imprescindible, que enriquece el panorama de la divulgación científica en México y el mundo. ¡Ojalá que pronto sea traducida!

HISTORIAS DEL LABORATORIO MÁS GRANDE DEL MUNDO

EL MICROSCÓPICO MUNDO DE LAS PARTÍCULAS ELEMENTALES

Los físicos han construido un marco de conceptos para entender la estructura de la materia que recibe el nombre de *Modelo Estándar* y que representa en buena medida el mejor mapa que tenemos del universo. Según este modelo, existen partículas elementales que forman todo lo que observamos a nuestro alrededor.

Actualmente se cree que existen 12 partículas elementales que se clasifican en dos grupos: leptones y quarks, con los cuales se forman tres familias, cada una conformada por dos leptones y dos quarks. La primera familia se integra por los quarks «arriba» y «abajo», así como por los leptones electrón y neutrino electrónico. Estas constituyen todo lo que nos rodea; las de las otras dos familias se producen en el laboratorio o en la colisión de rayos cósmicos con átomos de la atmósfera terrestre. Una vez producidas, estas desaparecen muy pronto al interaccionar con el medio.

Cuando se unen tres quarks, por ejemplo dos quarks tipo *u* y un quark tipo *d*, se forma un protón. En cambio, un neutrón es aquel en el que se han unido dos quarks tipo *d* y uno tipo *u*. A los arreglos de tres quarks se les llama bariones,

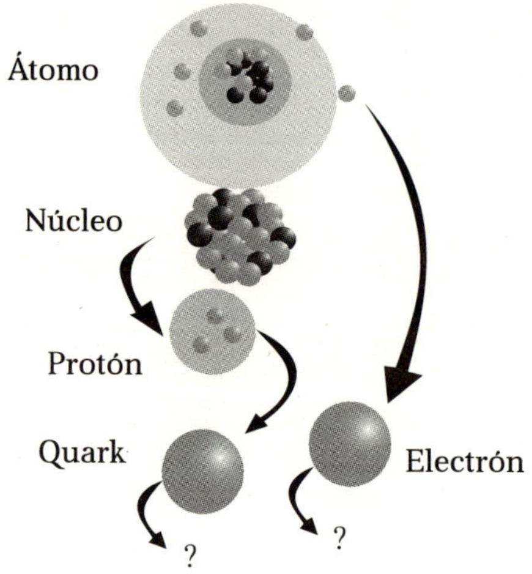

Figura 1. Los átomos están formados por un núcleo y electrones que se distribuyen a su alrededor. El núcleo está a su vez formado por protones y neutrones. Los protones y los neutrones están hechos de quarks que, como los electrones, son considerados actualmente partículas elementales sin estructura.

pero también se encuentran en la naturaleza arreglos de dos quarks a los que se denomina mesones. A los bariones y mesones se les nombra, de manera genérica, hadrones. La palabra hadrón le ha dado nombre al acelerador del que hablaremos mucho en este libro. Siendo un acelerador de protones es, pues, un acelerador de hadrones.

Para formar átomos, estas partículas interactúan entre sí. Las fuerzas que las unen o las separan se llaman interacciones. En el Modelo Estándar, las fuerzas de la naturaleza implican la existencia de campos que llevan sus efectos.

Estos campos se manifiestan como partículas que pueden ser observadas en el laboratorio.

El Modelo Estándar ofrece una descripción de tres de las cuatro interacciones presentes en la naturaleza. Por curioso que parezca, la interacción que nos resulta más familiar, la gravitación, ha eludido todo intento por enmarcarla en un esquema general que las incluya a todas. La gravitación se manifiesta en el mundo macroscópico en el que planetas, estrellas y galaxias se atraen por tener masa, pero no juega un papel importante en el mundo microscópico.

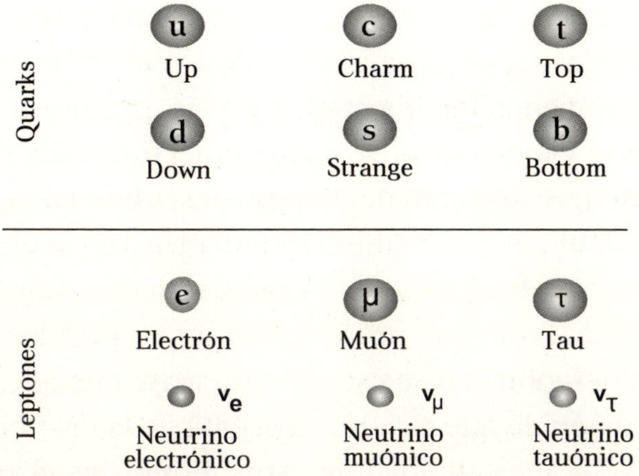

Figura 2. La tabla de partículas elementales contiene 6 quarks y 6 leptones. Los quarks y los leptones de la primera columna, es decir, los quarks u y d, el electrón y el neutrino del electrón, son las partículas más ligeras y que forman todo lo que nos rodea. Cuando los quarks y leptones más pesados son producidos decaen rápidamente en los más ligeros.

La interacción eléctrica, con la que tenemos contacto diario por sus consecuencias en la vida moderna, es la responsable de hacer que los protones de un átomo se aparten mutuamente por tener igual carga positiva. Pero si la fuerza gravitacional entre objetos microscópicos es tan débil como hemos dicho, ¿por qué los núcleos atómicos que contienen protones y neutrones se mantienen unidos?

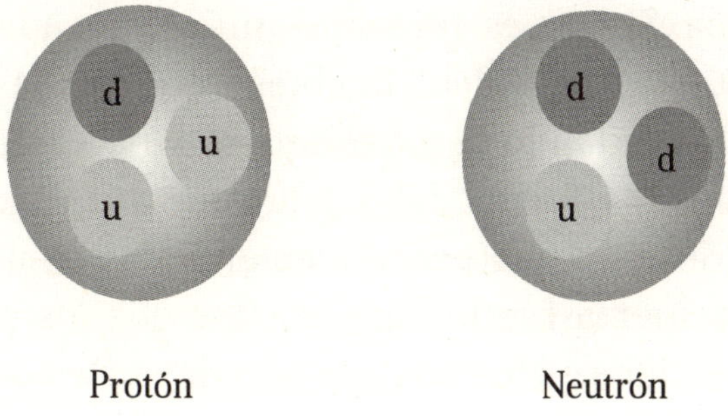

Figura 3. Los protones y neutrones que forman el núcleo atómico están formados por quarks ligeros.

Además de las interacciones gravitacional y electromagnética, existen en la naturaleza dos interacciones con las que estamos menos familiarizados y a las que hemos llamado fuerza fuerte y fuerza débil. Estas interacciones son de alcance tan corto que llevó mucho tiempo descubrir su existencia. La fuerza débil se nos manifestó por primera vez hace 100 años, cuando el fenómeno de la radioactividad fue observado en sales de radio que presentaban un resplandor inusual. Cuando este fenómeno se estudió con mayor detalle, se llegó a la conclusión de que esta luz procedía de la desintegración de átomos. La inestabilidad de estos átomos es el resultado de la interacción débil que, a diferencia de la fuerza electromagnética y la gravitacional, hace que las partículas cambien de naturaleza. Así, bajo esta interacción los neutrones se convierten en protones, y en esta transformación se emiten un electrón y un neutrino.

Algo peculiar de la naturaleza es que existen en el universo partículas que solo son sensibles a la fuerza débil, lo cual las hace casi invisibles. La única manera de observarlas es por medio de aparatos especiales que incrementan de manera considerable la posibilidad de que interaccionen débilmente.

Algunas observaciones recientes parecen indicar que estas partículas llamadas neutrinos podrían tener una masa muy pequeña. Si esto es verdad, significa que además de ser perceptibles a la fuerza débil también lo serán a la fuerza gravitacional, aun cuando la magnitud de la gravedad sea muy pequeña. Entre la fuerza débil y la fuerza electromagnética existe una relación que permite entenderlas como una misma cosa. La fuerza fuerte hace posible que los protones se mantengan unidos en los núcleos atómicos. De no existir esta fuerza, los protones se apartarían por tener cargas eléctricas del mismo signo. Se la denomina fuerte porque aunque su

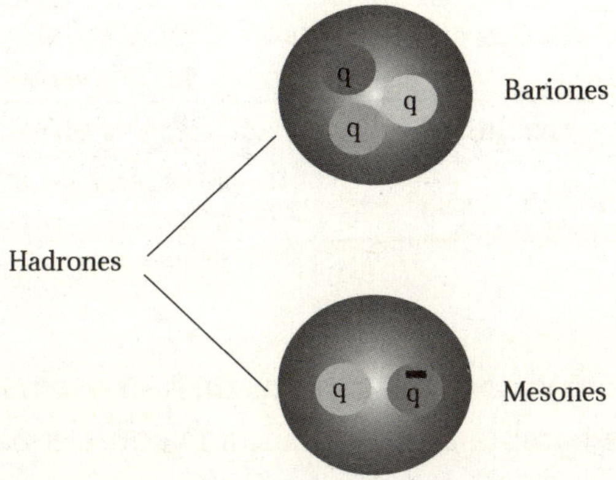

Figura 4. Los hadrones pueden ser clasificados como mesones y bariones que están formados por dos y tres quarks respectivamente. Los protones son un ejemplo de bariones.

alcance es muy corto, cuando dos partículas están muy cerca una de otra no es fácil separarlas.

Además de las partículas elementales que hemos descrito, existen en el universo los llamados campos de fuerza. Usted quizá escuchó hablar de campos de fuerza en la ciencia ficción. Isaac Asimov los describe en su relato «¡No definitivo!» (Not final!), de 1941, en el que dice que estos campos de fuerza protegen a las naves produciendo una deformación del espacio. En *Star Trek* el concepto de campo de fuerza es utilizado también como protector de las naves espaciales. Aunque todo esto es ficción, el concepto fue tomado de la física de partículas, donde los campos de fuerza representan a las cuatro interacciones que conocemos: la interacción débil, la interacción fuerte, la gravitacional y la electromagnética. Para los físicos, los campos de fuerza se manifiestan como partículas, y las correspondientes a tres de los mencionados campos de fuerza han sido observadas en el laboratorio. La partícula llamada gravitón, que podría ser la manifestación del campo de fuerza gravitacional, no ha sido observada.

	Gravedad	Fuerza débil	Fuerza electromagnética	Fuerza fuerte
Partículas de pegamento	gravitón (*hipotético*)	W^+ W^- Z^0	Fotón	Gluón

Pero además de estos campos de fuerza existe un campo de masa. Este campo, al interaccionar con las partículas, les proporciona una resistencia al moverse. En términos físicos, esto significa que les da masa. Como los otros campos, el de Higgs, como se le conoce, se manifiesta como una partícula que es componente fundamental del Modelo Estándar. La observación de esta partícula ha sido el objetivo principal del proyecto Gran Colisionador de Hadrones de la Organización Europea de Investigación Nuclear (CERN, por sus siglas en francés: *Conseil Européen pour la Recherche Nucléaire*).

LOS FÍSICOS ANTE LA CORTE DE JUSTICIA

El 10 de marzo de 2010 fue publicado en un periódico de Ginebra una nota respecto al proyecto Gran Colisionador de Hadrones del CERN. El periódico *20 minutos*, que se distribuye gratuitamente en Suiza y que desde 2004 es el diario más leído en el país, anunciaba el fracaso de la ciudadana alemana que había interpuesto ante la corte una demanda para impedir que el Gran Colisionador de Hadrones entrara en funcionamiento por temor a que se produjeran agujeros negros que un día terminaran por devorar nuestro planeta.

El Gran Colisionador de Hadrones (LHC, por sus siglas en inglés: Large Hadron Collider) es el acelerador de partículas más potente jamás construido. Está a más de 100 m por debajo de la superficie, en un túnel circular que forma un anillo de 9 km de diámetro. En el anillo —cuyo perímetro de aproximadamente 27 km atraviesa la frontera entre Francia y Suiza— se aceleran protones hasta que alcanzan una velocidad muy cercana a la de la luz: dos haces circulando en direcciones opuestas colisionan en varios puntos del anillo. En estos puntos, los físicos han colocado detectores para observar qué es lo que ocurre en los violentos choques entre protones.

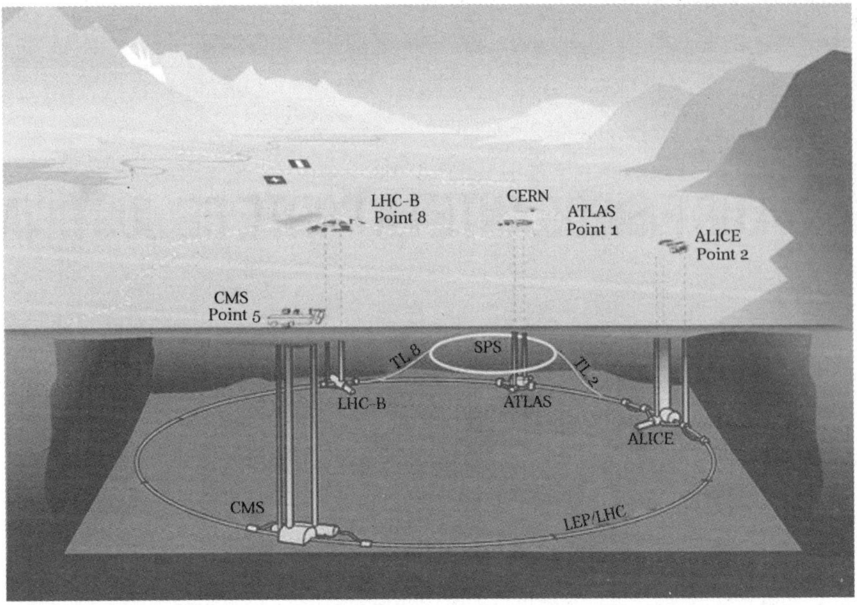

Figura 5. Caricatura fuera de escala del Gran Colisionador de Hadrones en el Centro Europeo de Investigaciones Nucleares. © CERN

Durante las colisiones de protones contra protones se espera observar una serie de fenómenos que podrían dar respuesta a importantes preguntas de la física de nuestros días: ¿por qué el universo está hecho de materia y no de antimateria?, ¿cómo era el universo justo después de la gran explosión?, ¿por qué los cuerpos presentan una resistencia a moverse?, ¿existen más dimensiones espaciales que las que nos son familiares?, y ¿de qué está hecho el universo?

La violencia de las colisiones es tan grande que mucha gente se ha preocupado por lo que ahí pudiera ocurrir, como el profesor de física de secundaria en Hawai, el señor Walter Wagner, quien se presentó también ante la Corte de Justicia en Honolulú con la misma demanda de la ciudadana alemana Gabriele Schröter, aunque, desafortunadamente para Wagner, dicha corte no tiene injerencia en los asuntos de Ginebra.

La señora Schröter, por su parte, ante el temor de que esta máquina termine con el planeta, interpuso dos demandas: una en 2008, que fue rechazada, y otra en 2009 ante la Corte Federal en la ciudad de Colonia (Alemania), con la esperanza de que la delegación alemana que participa en el CERN se retirara, obstaculizando de esta manera el desarrollo del proyecto. El 9 de marzo de 2010, la corte finalmente rechazó esta nueva solicitud por considerar que «la demandante no proporcionó pruebas concluyentes». Después de revisar el caso, la autoridad dictaminó la improcedencia de la petición interpuesta toda vez que «la desconfianza en las leyes de la física» no era prueba suficiente.

En realidad no hay razón para alarmarse. Aun cuando las colisiones del acelerador llegasen a producir objetos extraños como agujeros negros, estos no representan ninguna amenaza para nuestro planeta. Desde hace millones de años el universo produce interacciones del mismo tipo, y aun de mayor energía que las que se estudian de manera controlada en el Gran Colisionador de Hadrones. Radiación cósmica de muy alta energía llega hasta la Tierra, así como otros objetos del universo que producen colisiones todavía más violentas que las que se observan ya en el Gran Colisionador de Hadrones.

De hecho, cada segundo se producen en el universo 10 billones de veces más colisiones de este tipo que las que producirá el Gran Colisionador en toda su vida útil. Si consideramos la edad del universo, entonces el número de colisiones que se han producido es inconcebiblemente mayor que lo que tendremos en 10 años de funcionamiento del GCH. En otras palabras, es como si el universo hiciese 10 billones de experimentos como el del colisionador cada segundo. La idea de hacer uno más en el CERN es que podremos estudiar cuidadosamente qué es lo que ocurre cuando se producen estas colisiones.

AQUÍ ESTÁ EL LUGAR MÁS FRÍO Y SILENCIOSO DEL UNIVERSO

Por una maraña de cables, conectores y tarjetas electrónicas se transmite desde hace años la información que se genera en millones de choques de protones. Miles de cilindros formados por discos de memoria y sus cabezales de lectura en los cuartos de cómputo trabajan día y noche procesando la información. Los cuartos de control del acelerador y de los experimentos del Centro Europeo de Investigaciones Nucleares siempre están trabajando. Día y noche se turnan los operadores para registrar lo que ocurre en las cavernas experimentales bajo sus pies. Las oficinas permanecen con la luz encendida toda la noche y los escritorios están siempre ocupados por gente que revisa en las pantallas de sus computadoras los resultados del procesamiento de la información acumulada día a día.

A cien metros bajo tierra corre el túnel por el que viajan los protones a una velocidad tal que en un segundo darían siete vueltas y media a la Tierra. Es la primera vez que los físicos logran producir y controlar un haz de tan alta energía. En cuatro puntos del anillo estos haces colisionan produciendo un estallido de radiación que es captado por los dispositivos diseñados y construidos con ese fin.

El Gran Colisionador de Hadrones es un acelerador superconductor. Esto significa que los alambres por los que circula la corriente eléctrica de sus electromagnetos son de un material especial que no presenta resistencia a la corriente. Para tenerlos en el estado superconductor, es necesario operar estos alambres a una temperatura de −271 °C. Esta no solo es una temperatura extremadamente baja, es además cercana a la temperatura más baja posible de −273.15 °C. La temperatura más baja idealmente posible es tan especial que los físicos la llaman el cero absoluto.

La temperatura del espacio exterior se mantiene en promedio a 2.7 °K, es decir, 2.7 grados arriba del cero absoluto, o mejor dicho, a −270.45 °C. El cero absoluto corresponde a la temperatura a la cual los átomos y las moléculas se detienen por completo en un estado sin movimiento. Aquí la energía desaparece por completo. El cero absoluto es la muerte misma. Sin embargo, la mecánica cuántica impide la quietud total y el cero absoluto es inaccesible.

Puesto que entendemos la materia y la energía como representaciones de una misma cosa, cuando se llega al cero absoluto ya no tiene sentido hablar de contenido. La situación se vuelve paradójica. El Gran Colisionador de Hadrones hace uso de helio a tan solo dos grados por encima del cero absoluto; a esta temperatura, el elemento se convierte en un fluido perfecto que los físicos llaman súper-fluido.

Un súper-fluido es algo peculiar: un líquido capaz de reptar por la superficie de los objetos venciendo la gravedad; se cuela por las rendijas más delgadas que uno pueda imaginar. La construcción de un recipiente para contenerlo no es fácil. El helio súper-fluido sube por las paredes de su contenedor adhiriéndose hasta que termina por cubrirlo con una delgada capa.

Trabajar con un líquido caprichoso requiere del desarrollo de una tecnología muy compleja. Para construir el GCH, que hace uso de helio en el estado de súper fluidez, fue necesario desarrollar esta tecnología. Los cables superconductores del GCH pueden llevar corrientes de hasta 15 000 A y deben, al mismo tiempo, soportar fuerzas de cientos de toneladas por metro cuando el campo magnético se produce por el flujo de la electricidad.

La operación de un acelerador con materiales superconductores es más económica, pues el consumo de electricidad disminuye considerablemente cuando se elimina la resistencia del material. La electricidad fluye sin obstáculos en un superconductor. El primer superconductor construido fue a base de una aleación de niobio-titanio. Alambres de este material fueron desarrollados en los años sesenta del siglo pasado; estos, con una cubierta de cobre, fueron usados por primera vez en el acelerador Tevatron, construido en la década de los ochenta en Estados Unidos.

En las cavernas experimentales, el perturbador ruido de los sistemas de enfriamiento, ventiladores, inyectores de aire, conductos de gases, tuberías y equipos industriales, dan paso al más profundo silencio de una cámara de vacío. Un tubo de berilio marca la trayectoria del diminuto haz de protones. Este es el lugar más frío del universo. Al interior de esta cámara de vacío tubular se producen en el más completo silencio las colisiones, pues el sonido, no se propaga sin la presencia del aire. Maravillosa paradoja: que el silencio más profundo se produzca en medio del estruendoso andar de las máquinas.

En estas circunstancias se producen 600 millones de colisiones por segundo. Los protones que chocan provienen de un poco de hidrógeno común. Aunque el número de colisiones es enorme, el laboratorio necesita solo dos nanogramos para extraer los protones que serán utilizados cada día. Le tomaría al GCH un millón de años de funcionamiento acelerar los protones que se pueden extraer de un gramo de hidrógeno.

El túnel que alberga al Gran Colisionador de Hadrones tiene 4 m de diámetro. A lo largo de él circulan los protones por un tubo al vacío que encierra al silencio más profundo de nuestro planeta. © CERN

ALFONSO REYES: LITERALMENTE CIENCIA

Alfonso Reyes manifestó un gran interés por los avances de la física moderna, en particular por los trabajos acerca de la teoría de la relatividad. A partir de sus lecturas sobre este tema, escribió una serie de notas donde plasmó varias de sus reflexiones que en 1956 mandó imprimir como un cuaderno para regalarlo a sus amigos. Este mismo cuaderno, que no pasó de cincuenta copias, recientemente se presentó en forma de un pequeño y magistral libro: *Einstein. Notas de lectura.*[1]

En un pasaje de esta obra del regiomontano universal se lee:

> La íntima realidad de las cosas parece que sigue siendo objeto de magia. Los fenómenos solo se dejan asir cuando se les evoca con signos cabalísticos, cuando se abandona su nombre común y corriente y se les llama a, b, pi, lambda, mu;

[1] Alfonso Reyes, *Einstein. Notas de lectura*, prólogo de Carlos Chimal, notas y revisión de Carlos Chimal y Gerardo Herrera Corral, FCE, México, 2009.

> cuando, desde lejos y como con pases magnéticos, se les agarra descuidados, y como dirían los argentinos «sin perros».
>
> Pero ¡qué seductor contraste, la pequeñez de la fórmula con la inmensidad de los efectos que abarca! Diminuta cápsula explosiva; comprimido de una nueva droga que va a transmutar, si se comprueba, la representación que tenemos del universo, el sabor del mundo, el resabio metafísico de la física. Pero esta transmutación solo se hará andando los siglos. Por ahora, nada más sentimos que nos han puesto la creación de cabeza, como lo sintieron sin duda los contemporáneos de la gran revolución copernicana, cuyos resultados han trascendido de la física astronómica hasta la filosofía del espíritu. Ya hay por ahí quién diga que la cuarta dimensión del espacio se nos anda insinuando, por las fronteras de nuestra sensibilidad, y ronda de noche nuestra conciencia.

Entre los diminutos símbolos cabalísticos responsables de la representación del universo, Reyes menciona el signo π, el cual aparece rutinariamente en las ecuaciones que describen los principios fundamentales del universo. Como medida del contorno, la notación π se emplea en geometría para simbolizar la razón constante entre la circunferencia de un círculo y su diámetro, que se puede extender 3.1415 veces en el perímetro de un círculo.

Este número —que, como se sabe, proviene de la letra griega con que inician las palabras periferia o perímetro de una circunferencia— es tan antiguo que hay ya referencias a su aplicación en pasajes del Antiguo Testamento. En el libro de Reyes, donde se describe el mobiliario construido para el templo de Salomón, se puede leer que el rey mandó construir una fuente que sería utilizada en los rituales de los sacerdotes y cuya forma era la de «un mar de diez codos de un lado al otro, perfectamente redondo; su altura era de cinco codos y lo ceñía alrededor un cordón de treinta codos» (Reyes, 7:23-26).[2] En el libro segundo de Crónicas, se vuelve a mencionar este pasaje: el narrador señala que Salomón «Hizo luego un mar de metal fundido, de diez codos de borde a borde; era perfectamente redondo, de cinco codos de altura, y un hilo de treinta codos le ceñía alrededor» (Crónicas, 4:2).

Existe también evidencia histórica que revela el uso del número π en las culturas de Babilonia y Egipto, alrededor de 2000 a. C., así como en la cultura China en el año 1200 a. C. Es, pues, uno de los signos cabalísticos más antiguos, y es invocado por los físicos para revelar la geometría de la naturaleza.

Aunque en la Biblia el valor de π se toma como 3, el valor más exacto es de 3.141592653589793, seguido de una serie infinita de dígitos. Dada la dificultad para recordar su valor, Reyes nos explica que los franceses idearon una regla memorística que consiste en «contar las letras» de un verso decasílabo «fácil de retener» (cada dígito de π corresponde al número de letras que componen cada palabra). El verso referido es el siguiente:

> Que j'aime à faire connaitre ce nombre utile aux sages
> 3 1 4 1 5 9 2 6 5 3 5...

«Y entiendo», prosigue Reyes, «que hay otro verso más para las siguientes cifras, pero lo ignoro». Es muy probable que los versos a los que el autor hacía referencia sean los siguientes:

> Que j'aime à faire apprendre un nombre utile aux sages!
> Immortel Archimède, artiste ingénieur,

[2] Todas las citas bíblicas fueron tomadas de la versión de Reina Varela, 1960).

Qui de ton jugement peut priser la valeur?
Pour moi, ton problème eut de pareils avantages.
Jadis, mystérieux, un problème bloquait
Tout l'admirable procédé, l'œuvre grandiose
Que Pythagore découvrit aux anciens Grecs.
Ô quadrature! Vieux tourment du philosophe
Insoluble rondeur, trop longtemps vous avez
Défié Pythagore et ses imitateurs.
Comment intégrer l'espace plan circulaire?
Former un triangle auquel il équivaudra?
Nouvelle invention: Archimède inscrira
Dedans un hexagone; appréciera son aire
Fonction du rayon. Pas trop ne s'y tiendra:
Dédoublera chaque élément antérieur;
Toujours de l'orbe calculée approchera;
Définira limite; enfin, l'arc, le limiteur
De cet inquiétant cercle, ennemi trop rebelle
Professeur, enseignez son problème avec zèle.[3]

El poema anterior es una regla mnemotécnica que permite recordar los primeros 130 dígitos del número π, es decir: 3.141592653589793238462643383279502884197169399375105820974944592307816406286208998628034825342117 0679.

Uno podría escribir todo un libro (o muchos) de esta forma, pues los decimales no acaban nunca. Actualmente, gracias a los cálculos de computadoras de alto rendimiento, se conocen diez billones de cifras de π. Existen, además, textos mnemónicos en varios idiomas, que son, por obvias razones, completamente diferentes. Por ejemplo, en español, para los primeros 32 dígitos tenemos este mnemónico:

[3] Disponible en: http://pedroiy.free.fr/piweb/jeux/valeurpi.htm

Voy a amar a solas, deprimido;
no sabrán jamás que sueño hallarte,
perímetro difícil, escondido,
que en mis neuronas late...
Oscuro el camino para ver
los secretos que tú ocultas.
¿Hallarlos podré?...[4]

O este otro que permite memorizar los primeros 20 dígitos:

Soy y seré a todos definible.
Mi nombre tengo que daros:
cociente diametral siempre inmedible
soy de los redondos aros.[5]

O el que permite recordar las primeras 27 cifras:

¿Qué? ¿Y cómo π reúne infinidad de cifras?
¡Tiene que haber períodos repetidos!
¡Tampoco comprendo que de una cantidad poco sabida
se afirme algo así, tan atrevido! [6]

En 1996, el matemático Michael Keith escribió todo un cuento que permite memorizar los primeros 3834 dígitos de π, que comienzan incluso desde el propio título, donde *a* representa al 1, *b* al 2, *c* al 3 y así sucesivamente:

[4] Disponible en: http:// ciudadanodelmundo.espacioblog.com /post/ 2009 /07/25/ mnemonico -pi

[5] Disponible en: http://ciudadanodelmundo.espacioblog.com / post / 2009 / 07/25/ mnemonico-los-primeros-20-digitos- pi-3-1415926535897932

[6] Disponible en: http://ciudadanodelmundo.espacioblog.com/post/2009/07 /25/ mnemonico-con-cual-se-sabran-primeros-27-digitos

Cadaeic

3141593

Resulta claro que si tradujéramos al español o a cualquier idioma el cuento de Michael Keith se perdería inevitablemente la secuencia de cifras del número π y, por tanto, los fines para los que fue creado; en cambio, si optáramos por respetar dicha secuencia, se escribiría una historia diferente. Estamos, pues, ante textos donde la traducción no respetaría la trama: se puede intentar, por supuesto, pero no solo debemos escribir buscando la correspondencia con el número π, sino que además debemos buscar la palabra que recupere el mismo sentido que tiene la utilizada en la lengua original. Esta doble restricción lo haría un trabajo muy arduo.

Como se infiere, mediante esta representación transformamos una idea matemática en una historia o, mejor dicho, la realidad matemática de π se nos revela como una historia a través de un texto mnemónico. Durante mucho tiempo se ha debatido sobre la posibilidad de reemplazar la existencia física por una existencia matemática de las cosas. La idea ha sido llevada al extremo en películas como *Tron*, escrita y dirigida por Steven Lisberger (1982), en la que los programas computacionales tienen vida y personalidad propias. A primera vista es una locura propia de Walt Disney, pero la idea de que la matemática sea esencia de la realidad no es descabellada. En los procesos cuánticos del mundo microscópico ciertos fenómenos pueden ocurrir con una determinada probabilidad, a cuya magnitud contribuyen procesos virtuales que no tienen existencia sino en la matemática.

Un sistema matemático es aquel en el cual, a partir de algunos axiomas, se hacen deducciones lógicas; es una red de todas las posibles derivaciones que se siguen de proposiciones claras y evidentes, admitidas sin necesidad de demostración. Si los axiomas son ricos, el número y complejidad de las deducciones será complejo, e incluso podemos llevar nuestra imaginación al extremo y pensar en un sistema matemático tan complejo que las derivaciones posean la capacidad de autoconciencia.

¿Cómo podría ser esto posible? Tendríamos que crear una simulación programada en la computadora que permitiera formar un planeta introduciendo todo lo que sabemos de física y química. El programa podría ser tan bueno que, al terminar la secuencia, el resultado de la simulación sería algo muy parecido o idéntico al planeta Tierra. Con suficiente capacidad de cómputo y el conocimiento adecuado de la biología, la química y la física, podríamos seguir el desarrollo de nuestro programa hasta producir vida; y si los recursos no nos faltan y contamos con un buen conocimiento de las leyes que gobiernan los procesos de la naturaleza, el programa podría producir seres vivos con autoconciencia cuya realidad existiría únicamente en la estructura lógica de la computadora como una realidad de algoritmos matemáticos.

La mayoría de las personas trata estas ideas con mucho escepticismo y considera que la realidad física es algo muy diferente a la de la existencia matemática, pero el hecho de que procesos puramente matemáticos se manifiesten en la realidad abre la posibilidad de llevar la imaginación al extremo. Reflexionando precisamente sobre las matemáticas, Alfonso Reyes apuntó que «En Einstein, la matemática es solo un lenguaje para expresar investigaciones experimentales. Un día se le explicará sin fórmulas. Un día entrará en el hábito, y se hará intuición como las nociones clásicas de espacio y tiempo, o la del sistema copernicano».

De esta manera, Reyes evitó caer en la tentación de reemplazar la existencia física por la existencia matemática y tomó partido en favor de la idea de que las matemáticas se trasformaran en intuición. Quizá acabarán como historias literarias surgidas de una geometría del universo, quizá se nos presentarán en la literatura de la misma forma como se nos revela ahora el signo cabalístico π.

MÁS RÁPIDO QUE EL PENSAMIENTO

Todo comenzó cuando Wim tenía ocho años y en la escuela le pidieron que encontrara factores de 500. Él se siguió hasta 10 000, 15 000, 20 000, 25 000, porque, explicaba, «obtienes siempre las mismas combinaciones», y añadía que «es lógico que si sabes que 2537 es el producto de multiplicar 43 por 59, pues, cuando estás en la fiesta de un vecino que cumple 18 años y la mamá pregunta cuánto es 43 por 59, tú digas 2537».

Willem Klein fue contratado en 1957 por el CERN cuando este iniciaba sus actividades. El judío holandés Klein estaba cerca de cumplir 45 años y era conocido por sus extraordinarias habilidades para el cálculo numérico, por lo que su trabajo en el laboratorio consistía en cotejar sus resultados con los de los programas de las primeras computadoras. Esta computadora humana las superaba en velocidad.

El CERN es el laboratorio de física experimental de altas energías más grande del mundo. Fue fundado en 1954 por los países europeos que buscaban la manera de trabajar en proyectos científicos de manera conjunta. Actualmente alberga el proyecto de física más ambicioso de todos los tiempos:

el Gran Colisionador de Hadrones. Ubicado en las afueras de Ginebra (Suiza), el CERN construyó un gigantesco acelerador de partículas para hacer chocar protones contra protones, así como iones contra iones a la más alta energía jamás lograda.

Cuando Wim pasó por Suiza entró en contacto con el director de este laboratorio, el también holandés C. J. Bakker. Wim recordaba que mientras hablaba por teléfono con él, este le dijo: «¿Quieres trabajar en Ginebra?», a lo que contestó: «Esto lo debe decidir otra persona, ¿podrían darme trabajo ahí?» «Mira, yo no lo puedo decidir. Aquí solo soy el director general».

Wim trabajó 18 años en el CERN hasta que se retiró en 1976, pero poco antes de renunciar se enteró de que en *The Guinness Book of World Records* de 1974 se reportaba que un mexicano de nombre Herbert B. de Grote había extraído la raíz 13 de un número de 100 dígitos en 23 minutos. En ese momento pensó que no estaría mal tener su propio nombre en el libro, así que escribió un programa de alta precisión que le daba números elevados a la potencia 13 y comenzó a practicar. En octubre de 1974, Klein logró extraer la raíz 23 de un número de 200 dígitos en 18 minutos y 7 segundos. El 5 de marzo de 1975, en Lyon, Francia, redujo el tiempo a 10 minutos y 32 segundos.

El *Libro Guinness* acepta la raíz 13 de un número de cien dígitos como una prueba estándar. Wim logró en 1979 un tiempo de 3 minutos y 25 segundos; luego en París, en noviembre de ese año lo logró en 3 minutos y 6 segundos; en marzo de 1980 redujo el tiempo a 2 minutos y 45 segundos, y para noviembre ya estaba por debajo de los 2 minutos, con 1 minuto y 56 segundos. Un año después, el 7 de abril, Wim se presentó en el Laboratorio Nacional de Altas Energías de Tsukuba (Japón) y estableció ahí el récord mundial de 1 minuto y 28.8 segundos. El número que le propusieron fue:

Willem Klein (1912-1986), la computadora humana del CERN, trabajó en este laboratorio durante 18 años. © CERN

880084434404892995752190157722364178594117200526156548728065087041202330785427499014457844 2271602817. La respuesta de Wim para la raíz 13 de este número fue de 48 757 377, cifra que luego confirmó una computadora como acertada.

Willem Klein estudiaba medicina porque su papá, siendo médico, quería otro en la familia; sin embargo, él estaba más interesado en los espectáculos, y aun cuando estudiaba su carrera hacía presentaciones de vez en cuando. Antes de terminar la universidad murió su padre y Wim abandonó la medicina. Por un tiempo trabajó en un hospital exclusivo para judíos, pues en esos tiempos no se les permitía trabajar en otro tipo de clínicas. Cuando los alemanes empezaron a confinar a la gente en los campos de concentración, Wim escapó ayudado por algunas personas. Su hermano Leo, quien poseía también un talento excepcional para el cálculo mental, no tuvo la misma suerte y acabó muriendo en un campo de concentración nazi. Wim solía decir que en cierta forma él había influido en su hermano en ese vicio del cálculo mental.

Por mucho tiempo, Wim trabajó en presentaciones en circos en Francia y Holanda en los que demostraba su capacidad matemática, hasta que fue contratado por el Instituto de Matemáticas de Ámsterdam. Fue desde ese lugar donde más tarde entró en contacto con el CERN.

Algunos de los grandes calculadores del mundo han llegado a ser conocidos por su desempeño en algún área del quehacer humano. Alexander Craig Aitken (1895-1967), uno de los más grandes matemáticos de Nueva Zelanda, tenía por ejemplo una memoria prodigiosa. Sabía los primeros 1000 dígitos de π, y cuando estaba en la escuela secundaria memorizó la *Eneida.* Desafortunadamente los horrores de la Primera Guerra Mundial lo hicieron padecer fuertes depresiones durante toda su vida; no obstante, llegó a ser un gran escritor y excelente músico.

Otro calculador fue el francés André-Marie Ampère (1775-1836), conocido en la física por sus aportaciones al estudio de los fenómenos electromagnéticos. La corriente eléctrica se mide en unidades de amperios en su honor; es, además, autor de la Ley de Ampere, que establece la manera en que una corriente eléctrica produce un campo magnético.

En la edición de 1973 del *Libro Guinness de Récords* aparece citado el mexicano Herbert B. de Grote, quien nació en 1890 y fue conocido como el más grande calculador de su tiempo, aunque fue superado después por Wim Klein y, más recientemente, por otros grandes calculadores. El también mexicano Miguel Alberto Mantilla, nacido en 1890, figura como uno de los grandes calculadores de la historia, pero poco se sabe de él. Tenemos además a John von Neumann

(1903-1957), de origen húngaro, conocido por sus aportaciones a las matemáticas y la física: fue el creador de la teoría de juegos y es pionero de la cibernética.

Entre estos destacados calculadores podemos mencionar también al alemán Karl Friedrich Gauss (1777 - 1855), conocido en muchas áreas del conocimiento por sus aportaciones en matemáticas y física;[1] a Leonhard Euler (1707 - 1783), quien fue uno de los más grandes matemáticos de todos los tiempos; al croata Nikola Tesla (1856 - 1943), conocido por sus estudios de la electricidad y los campos magnéticos —por ello la tesla, la unidad de los campos magnéticos, lleva su nombre, así como la bobina que inventó—. Podemos mencionar por último al matemático indio Srinivasa Ramanujan (1887-1920), otro de los prodigios del cálculo y un gran matemático.

Para sus colegas del CERN, Wim fue siempre una maravilla natural. Sin embargo, él mismo consideraba sus habilidades menos misteriosas. Le gustaba admitir que no funcionaba si se le impedía hacer los extraños ruidos que siempre emitía con la boca mientras hacía algún cálculo. A propósito de esto decía: «Yo no veo los números, los escucho; en una ocasión, cuando era joven, un fisiólogo me puso a prueba haciéndome conservar agua en la boca mientras hacía mis cálculos. Eso me hizo muy lento».[2]

Willem Klein fue un estudiante con un IQ normal, pero cuando tenía diez años de edad aprendió a factorizar los números descomponiéndolos hasta llegar a los números primos. ¿Cómo funciona esto? Por ejemplo, 21 es 7 veces 3, y el 7 y el 3 son números primos que ya no pueden ser descompuestos

[1] Se cuenta que siendo niño, con el fin de mantenerlo ocupado, un maestro le pidió que sumara los números del 1 al 100, a lo que Gauss respondió rápidamente: 5050.

[2] Samuel Schreiner, «Meet the Human Computer», *Reader's Digest*, noviembre, 1976.

en sus factores; el 22 es dos veces 11, y el 2 y el 11 son números primos que ya no tienen factores. Pero 23 no puede ser factorizado de esa manera, pues es un número primo. Gradualmente, Klein fue memorizando las tablas de multiplicar hasta 100, los cuadrados hasta 1000 y los números primos hasta 10 000. Cuando tenía 14 años, su profesor le prestó la tabla de logaritmos después de que les había explicado su uso a los estudiantes; Wim la memorizó de inmediato y más tarde se convirtió en una de las dos personas en el mundo y en la historia de la humanidad en saber de memoria la tabla de logaritmos hasta N = 150.[3]

Una de las diversiones de Wim era la construcción de cuadrados mágicos. Uno podía darle un número y él dibujaba un cuadrado de 16 por 16 casillas, en cada una de las cuales escribía un número diferente. Cuando terminaba, se podían sumar los números de las casillas de manera vertical, horizontal o diagonal, y la suma daba siempre el número que se le había dado.

En agosto de 1986, Wim se encontraba en su apartamento de Ámsterdam cuando fue brutalmente acuchillado. De esta manera trágica murió la computadora humana más famosa del mundo. Ya han pasado más de veinte años desde entonces, pero su nombre sigue siendo motivo de curiosidad y de interés para mucha gente. Se escriben libros sobre las habilidades de personas como él y se especula sobre los procesos mentales que hacen posible el poder que poseen.

Aunque no todos alcancemos las habilidades de Wim, existen algunos trucos que uno puede usar para hacer cálcu-

[3] Los logaritmos pueden ser usados para realizar de manera ingeniosa cálculos complicados. Para la física y las matemáticas, el uso de logaritmos ha adquirido una importancia relevante para sus cálculos; sin embargo, la mayoría de la gente dejó de usar la tabla de logaritmos después de que las calculadoras de bolsillo se volvieron parte de la vida cotidiana.

los aritméticos con eficiencia. Por ejemplo, a todos se nos facilita la multiplicación por 10 o 100, pues sabemos que solo debemos agregar los ceros al final del número que resulte de multiplicar el número mismo por 1. Digamos que debemos multiplicar 93 × 100, cuyo resultado, se sabe, es 9300. De igual manera, uno siempre puede completar un número al más cercano múltiplo de 10 y luego sumar o restar lo que falta. Por ejemplo, 21 × 12 se puede calcular rápidamente multiplicando 20 × 12 = 240, para sumarle el restante, que es resultado de 1 × 12. Es decir: 240 + 12 = 252, de tal manera que 21 × 12 = 252.

Desafortunadamente se está perdiendo el interés por enseñar este tipo de métodos a los niños. El uso de la calculadora electrónica es cada vez más común, pues se integra hasta en los celulares y en algunos relojes. Casi todos nos asustamos si alguien nos pregunta cuál es el resultado de, por ejemplo, 99 × 22; empero, nos llevaría más tiempo sacar el celular o la calculadora y comenzar a teclear el número que calcular mentalmente: 100 × 22 = 2200, y luego a esta cifra restarle 22, lo que nos da como resultado 2178. Así que: 99 × 22 = 2178.

Desde luego, no todos podremos llegar a ser un Willem Klein, pero con un poco de práctica podemos mejorar nuestra capacidad de cálculo. Seguramente esto tendría consecuencias en nuestra vida, pues el entrenamiento que se adquiere buscando el método más eficaz, el ejercicio, la disciplina y la práctica, nos hacen cambiar de actitud y fortalecen la capacidad de aceptar retos y vencer temores. Si cultivamos este arte en nosotros y nuestros hijos, seguramente seremos más sensibles a la armonía de la naturaleza, que parece haber elegido la aritmética en el diseño de plantas, animales y minerales. Quizá podremos incluso percibir mejor la belleza del mundo que nos rodea.

TECNOLOGÍA AL SERVICIO DE SANTA CLAUS

Los problemas de Santa Claus el 24 de diciembre no son pequeños. Estimaciones recientes indican que la población del mundo es de casi 7000 millones de personas. Si bien solo una tercera parte de la población del mundo es cristiana —ámbito real para Santa Claus—, atender a 2340 millones de personas no es asunto trivial.

En realidad, aproximadamente un tercio de estos cristianos —es decir, 778 millones— es menor de 15 años. Siendo más realistas, solo una fracción de estos es menor de 8 años y tiene, por tanto, serias expectativas acerca de Santa Claus. Con estos datos podemos estimar de manera ruda que 390 millones de niños en el mundo esperan que Santa Claus actúe con eficiencia la noche del 24 de diciembre.

Pero el problema no se detiene en los aproximadamente 390 millones de niños: debemos considerar además que ellos están distribuidos en prácticamente todos los continentes que cubren una inmensa superficie. Si bien es cierto que en la Antártida, el lugar más lejano para Santa Claus, no hay niños que le hayan escrito una carta, también lo es que cerca del polo norte es donde menos encargos tiene el anciano, que seguramente estaría feliz de cubrir la menor distancia posible. Por si todo esto fuera poco, el milenario san Nicolás cuenta con solo una noche para distribuir regalos entre 390 millones de niños. En realidad, si consideramos que mientras unos duermen otros esperan ansiosos a que llegue la madrugada, entonces veremos que Santa Claus cuenta de hecho con 24 horas para hacer su tarea: mientras la Tierra gira y se cubre de tinieblas, Papá Noel va recorriendo de norte a sur y de sur a norte la franja de oscuridad que va llegando, es decir, cuenta con 0.000221 s por niño. En este tiempo, Santa Claus debe bajar de su trineo, sacar de su costal el regalo, conferir con su lista el pedido, entrar por la ventana o por la chimenea, dejar el regalo y salir para retomar la ruta previamente planeada y llegar así hasta el lugar en donde duerme el siguiente niño... esto en el mejor de los casos, porque si el chiquillo no se ha dormido Santa Claus deberá hacer un rodeo para regresar más tarde hasta el domicilio del inquieto y poco cooperativo infante.

Los niños insomnes son una verdadera pesadilla para Santa Claus, pero son solo una más de las múltiples dificultades que enfrenta el 24 de diciembre: ventanas cerradas, chimeneas estrechas, perros guardianes, juegos de cubiertos colocados con malicia por niños que lo quieren pescar por sorpresa; 0.000221 s por niño es en verdad un buen rato, sobre todo si consideramos los tiempos con que trabajan nuestros científicos e ingenieros hoy en día.

Los protones del Gran Colisionador de Hadrones, en el CERN, viajan a 99.9999991 % de la velocidad de la luz, lo que les permite dar siete vueltas y media a la Tierra en un segundo. En estas circunstancias, un protón del Gran Colisionador de Hadrones recorre más de 66 km en el tiempo que tiene Santa Claus para cada niño. No estaría mal, pues, que Santa Claus se sometiera a un proceso de ionización que le permi-

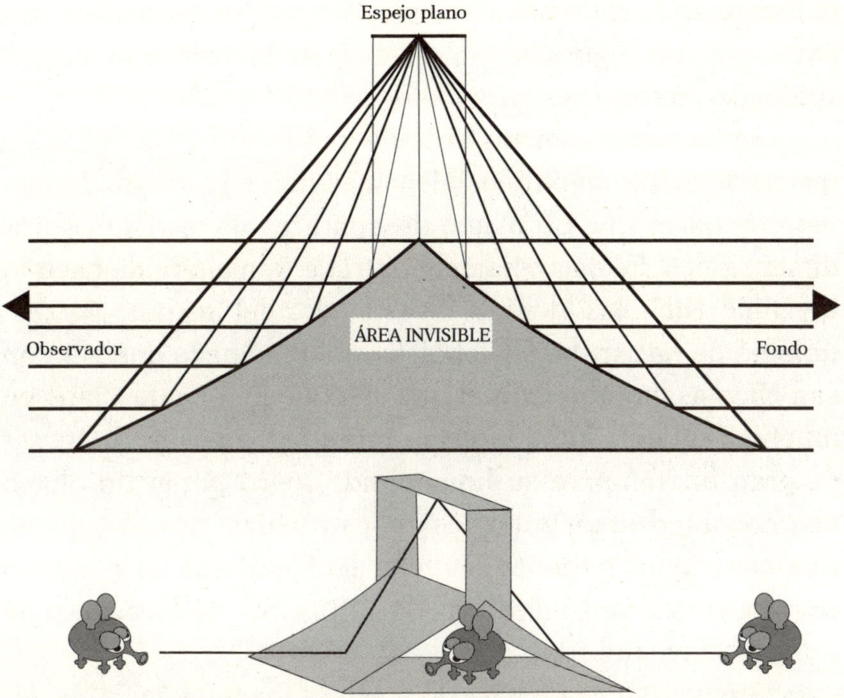

Figura 6. Ejemplo de cómo se puede hacer invisible a un objeto en una dimensión: si el observador se mueve en el plano horizontal, la invisibilidad desaparece, pues los espejos ejercen su efecto de manera muy direccional. La idea del grupo alemán es muy similar, solo que el sustrato que rodea al objeto desvía la luz en las tres dimensiones, haciéndolo desaparecer. El grupo alemán es el primero en lograr lo anterior en tres dimensiones.

tiera hacer uso de los aceleradores del CERN: de esta manera podría realizar su trabajo de manera expedita.

Como se puede ver, Santa Claus cuenta hoy con avances de la tecnología que le permitirían hacer su trabajo sin tener que recurrir a trucos de magia que acaban con su credibilidad; o, dicho de manera más justa, que lo hagan recurrir en menor grado a sus habilidades mágicas: detectores de infrarrojo para saber cuando el niño o la niña está en su cama y durmiendo, dispositivos de posicionamiento GPS que le pueden marcar la ruta más eficiente, detectores de metales que advierten con seguridad la presencia de utensilios de cocina ruidosos, etcétera.

De acuerdo con un artículo publicado en *Science* en marzo de 2010, científicos alemanes han encontrado la manera de hacer que un objeto desaparezca de la vista en tres dimensiones. Es decir, han encontrado la manera de hacerlo invisible. Nicholas Stenger, investigador del Instituto de Tecnología de Karlsruhe («Nicholas» no tiene nada que ver con san Nicolás, nombre con el que se conoce a Santa Claus en muchos lugares, aunque estas investigaciones podrían ser de gran interés para su homónimo)[1] logró poner un objeto microscópico en un bulto de nanoestructuras de oro que distorsionan la luz para dar la vuelta al objeto (que mide apenas unas micras, o sea, milésimas de milímetro), de forma tal que este se vuelve invisible.

Stenger dice que hacerlo a escala macroscópica, es decir, con objetos del tamaño de una pelota o de una muñeca, todavía no es posible, pero quizá se logre en pocos años. Salvando este pequeño detalle, Santa Claus podría hacer uso de este avance tecnológico y contaría así con más tiempo para colocar los regalos —incluso días antes—, dejándolos fuera de la mirada de los niños, con un recubrimiento de nanoestructuras que los haga invisibles hasta que la noche del 24 de diciembre, con una simple llamada de celular y haciendo uso de los recursos de cómputo GRID, haga aparecer los regalos desde la comodidad de su casa en el polo norte. La tecnología satelital lo mantendría conectado donde quiera que estuviese.

[1] Véase http://news.discovery.com/tech/invisibility-cloak-3d.html

SANTA CLAUS Y LA FÍSICA CONTEMPORÁNEA

Cada año en la época navideña, investigadores de todo el mundo dedican una considerable parte de su tiempo a meditar sobre la posible existencia de Santa Claus. Una buena cantidad de los fondos restantes de sus proyectos de investigación se dedican a realizar experimentos dirigidos a entender la manera en que Santa Claus se las arregla para llevar a cabo la proeza más esperada del año, que, en una primera aproximación, parece desafiar las leyes de la naturaleza.

Si bien Santa Claus no ha sido observado de manera directa, eso no significa que no exista. Los físicos entienden muy bien que, ante la evidencia material del día 25 de diciembre, solo queda ofrecer explicaciones. Algunos especialistas argumentan que la aparición de regalos se debe a correlaciones espacio-temporales entre papá y Santa Claus. Sin embargo, existe también evidencia testimonial de que, mientras uno duerme, el otro parece desarrollar una frenética actividad en las habitaciones contiguas, lo que descarta las llamadas teorías de traslape.

Algo común en la actividad de los grupos de investigación experimental es la tendencia de los científicos a buscar todo tipo de fenómenos en sus experimentos. Así por ejemplo, el recientemente célebre experimento OPERA estuvo observando neutrinos que supuestamente viajaban a una velocidad mayor a la de la luz, aun cuando el experimento fue planeado para medir la oscilación de neutrinos de muon en neutrinos de tau.[1]

El observatorio de neutrinos IceCube (IceCube Neutrino Observatory) no es la excepción. Este proyecto ha desplegado detectores ópticos esféricos en el hielo de la Antártida para medir neutrinos en la profundidad del hielo polar, a más de 2 km bajo la gélida superficie. El proyecto tiene la intención de medir neutrinos de alta energía que se pudieron haber generado en procesos astrofísicos en las regiones más apartadas del universo. Si bien este es el objetivo central del proyecto, sabemos de grupos de investigación dentro del mismo que se preocupan por temas de interés más amplio, como el fenómeno decembrino aquí abordado.

Sin embargo, los físicos no han reportado evidencia de actividad navideña bajo el hielo antártico. Si bien es cierto que la hipótesis principal es que Santa Claus vive en el polo norte y no en el polo sur, es necesario descartar —con intervalos de confianza amplios— las diferentes regiones del planeta, y en ese sentido la Antártida es una de las regiones más sospechosas, ya que las condiciones meteorológicas son lo más parecido a lo que Santa Claus parece preferir para su cauteloso proceder.

El 31 de octubre de 2011 a las cuatro de la mañana la población del mundo llegó a los 7000 millones de personas. Existen cálculos que, dada la población mundial, dan una buena idea del trabajo de Santa Claus la noche del 24 de diciem-

[1] Véase el ensayo «Neutrinos más rápidos que la luz: error o descubrimiento sensacional».

bre. Aun considerando la población cristiana como ámbito real de sus diligencias, es claro que en los últimos tiempos la intensidad del trabajo ha crecido. Existen aproximadamente 2340 millones de cristianos en el mundo y este número, para pesar de Santa Claus, sigue creciendo como consecuencia del crecimiento demográfico. Como ya vimos, Santa Claus tiene solo 0.0002 s por niño como lapso para la entrega de los regalos. ¿Cómo es posible que consiga hacerlo?

La realidad, tal como la conocemos y la percibimos, está hecha de tres dimensiones espaciales y una dimensión temporal. Sin embargo, no hay ninguna razón para pensar que esto deba ser así. Bien puede ser que existan más dimensiones que por algún motivo no logramos percibir. Lo que sí podemos es preguntar dónde están las demás dimensiones y por qué no las percibimos.

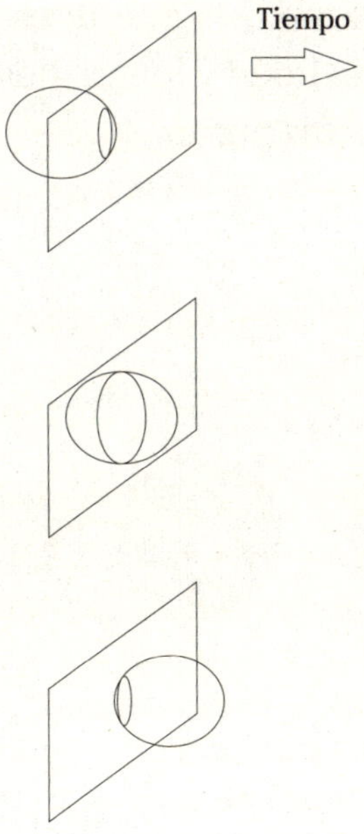

Figura 7. Una esfera vive en tres dimensiones. Si un día esta esfera cruza un mundo de dos dimensiones, los seres que lo habitan podrán ver cómo un punto aparece en su universo plano, luego, crece aumentando el radio del círculo que se forma. Después su radio disminuye hasta desaparecer en un punto.

Pensar en dimensiones más allá de las tres espaciales que conocemos no es fácil. Sin embargo, podemos hacernos una idea de lo que significaría una cuarta dimensión espacial. Piense usted primero que, si viviéramos en dos dimensiones, es decir, en un mundo plano como una hoja de papel, podríamos representar a un objeto tridimensional como el contorno de contacto con nuestro mundo de dos dimensiones. Si una esfera —que es tridimensional— cruzara nuestro mundo plano veríamos cómo aparece primero un punto y luego un círculo cuyo radio crece y crece, para luego comenzar a disminuir y convertirse de nuevo en un punto. La manifestación de una tercera dimensión en nuestro mundo de dos dimensiones sería, pues, como la aparición de un punto que se expande en un círculo que luego se encoge de nuevo para desaparecer nuevamente como un punto (ver figura 7).

De manera similar, una esfera en cuatro dimensiones espaciales aparecería en el mundo tridimensional en que vivimos como la repentina aparición de un punto que se expande luego en una esfera que crece a medida que la esfera de cuatro dimensiones cruza nuestra realidad y luego disminuye nuevamente para desaparecer como un punto.

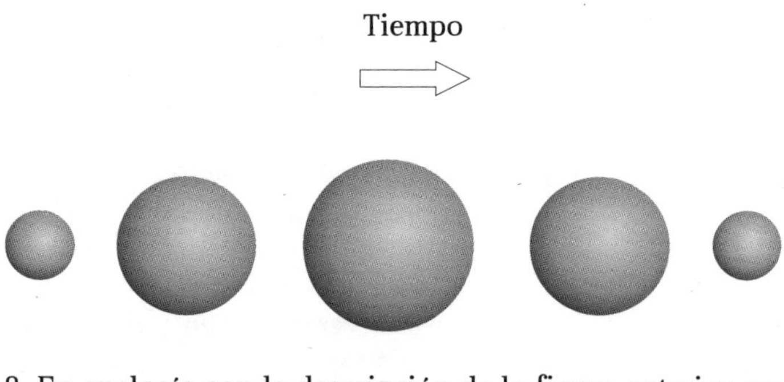

Figura 8. En analogía con la descripción de la figura anterior, podemos pensar que una esfera en cuatro dimensiones espaciales, al cruzar nuestro universo de tres, se apreciaría como un punto que crece como una pelota para luego comenzar a disminuir y terminar por desaparecer.

Para todos los efectos prácticos, Santa Claus puede ser considerado como una esfera y bien puede ser que habite en una cuarta dimensión, pues esto podría explicar los sucesos de Navidad. Así, solo aparece en nuestro mundo de manera localizada, como una esfera roja que crece para luego desaparecer. En la cuarta dimensión en que vive, viaja al siguiente punto de entrega de regalos donde nuevamente aparece y desaparece de nuestras percepciones limitadas a las tres dimensiones. En esta cuarta dimensión puede viajar sin obstáculos materiales, como las paredes o el ruido de las mascotas de los niños. Su preocupación de ser sorprendido desaparecería.

La existencia de dimensiones extras no solo facilita la labor de Santa Claus: ofrece además una explicación a los neutrinos superluminosos medidos por el experimento OPERA. Más aún, y como quedó demostrado en el modelo Randall-Sundrum, explica el hecho de que la gravitación sea más débil que las otras interacciones (electromagnética, débil y fuerte).

Figura 9. La figura anterior puede explicar el fenómeno navideño conocido como Santa Claus. Este aparente milagro decembrino queda explicado con la existencia de dimensiones extras que son convenientemente usadas por quien cada año trae los regalos a los niños bien comportados.

Algo muy interesante de los modelos de dimensiones extras es que pueden ser puestos a prueba en experimentos como el GCH. Si existen dimensiones extras, estas podrían manifestarse con la creación de gravitones que absorbieran una buena parte de la energía de la reacción. Al escapar sin ser vistos, la falta de energía de la reacción delataría su presencia.

HIGGSTERIA

Por fin apareció el Higgs, partícula intensamente buscada por mucha gente, por mucho tiempo y de muchas maneras. O quizá debemos decir, de manera más apropiada: «Por fin apareció un Higgs»... Y es que no sabemos si se trata del único que postula el Modelo Estándar o si estamos viendo uno de cinco o más higgses que son requeridos por modelos más amplios que el estándar. Los modelos supersimétricos requieren de varios de ellos, y sin conocer aún las propiedades del objeto observado no podemos decir ahora de qué tipo de Higgs estamos hablando. En todo caso, el CERN anunció el 4 de julio de 2012 que las colaboraciones ATLAS y CMS habían descubierto una elusiva porción de realidad de lo que podría ser el bosón de Higgs.

La resistencia de los cuerpos al movimiento —es decir, su masa— proviene de un campo que llena todo el espacio y que se manifiesta en la forma de una partícula. Los experimentos que se realizan en el Gran Colisionador de Hadrones lo observaron por primera vez, completando así el marco del Modelo Estándar que nos ofrece una descripción del mundo.

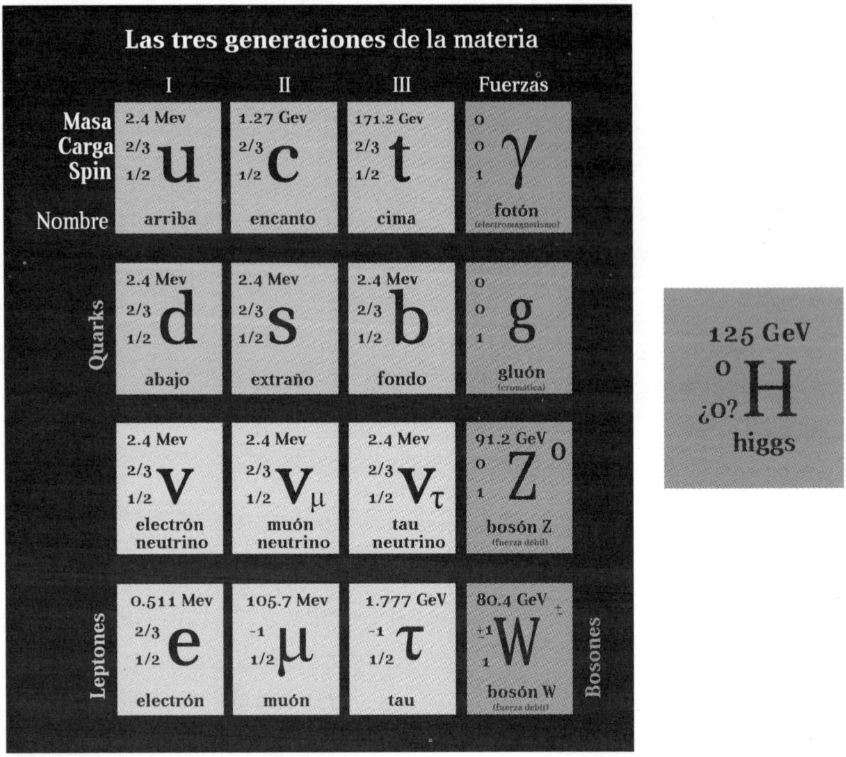

Figura 10. El Modelo Estándar de las partículas elementales contiene campos de materia (izquierda), campos de fuerza (centro) y el campo de Higgs (derecha). De los parámetros del Higgs que hemos colocado en la figura, la masa fue medida y sabemos que no tiene carga eléctrica; sin embargo, del Spin no sabemos nada. Decir que es cero, como lo ponemos aquí, es mera especulación, pues aún no ha sido medido. Si el objeto descubierto es el Higgs que esperamos, entonces el Spin será cero.

El año 2009 marcó el inicio de una nueva época para la física de partículas elementales. En noviembre de ese año se puso en marcha el acelerador más grande del mundo: el Gran Colisionador de Hadrones del CERN, el instrumento científico más grande jamás construido y gracias al cual es posible observar la estructura de la materia a una escala de 10 000 millonésimas del tamaño de un protón. Formalmente, el proyecto nació en 1984, durante una conferencia en Laussane (Suiza) en la que la comunidad de físicos de partículas elementales discutió la idea y tomó la decisión de impulsarla. Su construcción se decidió diez años después. El acelerador debía haber entrado en funcionamiento en 2004, pero la misma complejidad del proyecto retrasó la fecha.

El acelerador permite producir choques de partículas a energías gigantescas, mismas que recrean las condiciones que prevalecían una fracción de milésima de segundo después de la gran explosión que dio origen al universo hace 13 800 millones de años. A través de esta máquina se pueden buscar partículas y estados de la materia desconocidos hasta ahora.

El GCH tiene una circunferencia de 26 659 m y está formado por 9300 imanes superconductores de diversos tipos para guiar a las partículas a lo largo de la curva del anillo, así como para enfocarlas en algunos puntos. Entre estos imanes se hallan 1232 dipolos, que producen un campo magnético de 8.4 teslas.

No fue fácil hacer dipolos capaces de producir este campo magnético, pero mantenerlos fríos requiere del sistema criogénico más grande del mundo. Todos los imanes son enfriados primero a −193.2 °C con la ayuda de 10 000 t de nitrógeno líquido; luego se necesitan 60 t de helio líquido para llevar la temperatura de los imanes a −271.3 °C, muy cerca del cero absoluto.

En un túnel de forma cilíndrica con apenas 4 m de diámetro, en el gigantesco anillo enterrado a más de cien metros bajo la superficie se encuentra la máquina que lleva a los protones a una energía formidable. Ahí, en una galería subterránea, rodeado de sofisticados instrumentos, de magnetos superconductores, cables, ductos y conectores, un tubo de acero austenítico de 3 o 4 cm de diámetro recubierto en su interior con cobre, es enfriado a la temperatura más baja que se puede encontrar en el universo de manera durable y extendida. A través de este tubo circula un rayo de protones tres veces más delgado que el cabello más fino. Los paquetes de protones que forman este rayo se cruzan cada 25 000 millonésimas de segundo para producir 600 millones de violentos choques por segundo. Los físicos pueden observar con asombrosa precisión lo que ocurre en cada una de estas insólitas colisiones. De algunas de ellas surgen bosones de Higgs.

Los protones alcanzan el 99.9999991 % de la velocidad de la luz circulando en ambas direcciones. Ambos haces llevan la misma energía, y cuando se los hace chocar la violencia de la colisión es por ahora de 8 TeV. El electronvoltio es una unidad de energía que equivale a la energía que adquiere un electrón cuando se le pone a una diferencia de potencial de 1 V. La energía final del GCH será de 14 TeV, es decir, 14 millones de millones electronvoltios; empero, no será sino hasta el año 2014 que el acelerador alcance esta energía de diseño.

El GCH también acelera iones pesados de plomo y los hace chocar entre sí. Cuando esto ocurre, en el espacio minúsculo de la colisión se producen temperaturas que son más de 100 000 veces mayores a las que existen en el centro del Sol. El experimento ALICE estudia ya lo que ocurrirá en estas colisiones y ha comenzado a dar cuenta de la naturaleza de nuevos estados de la materia en condiciones extremas.

Propuesto en los años sesenta por François Englert, Tom Kibble, Gerald Guralnik, Robert Brout, Carl Hagen y Peter Higgs, esta partícula es la única que faltaba para completar el cuadro teórico llamado Modelo Estándar, que describe maravillosamente el mundo microscópico y la estructura de la materia. Si bien la idea esperó a ser corroborada desde el momento en que estos científicos propusieron la existencia de un campo de fondo, los protagonistas del descubrimiento son las colaboraciones ATLAS y CMS. Estas colaboraciones están formadas por miles de físicos investigadores de todo el mundo: ATLAS agrupa a más de cuatro mil físicos y CMS a poco más de tres mil. El rostro del descubrimiento contiene, pues, todos los rasgos; el hallazgo tiene un semblante que incluye todas las facciones del género humano.

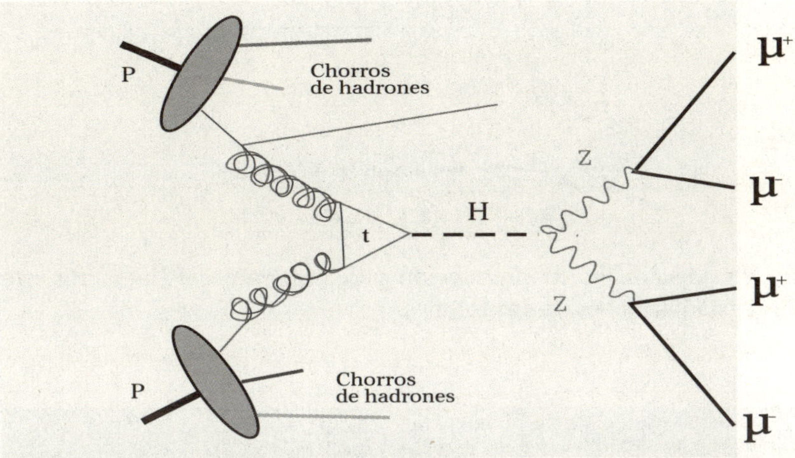

Figura 11. Mecanismo de producción y decaimiento del Higgs. En este canal, el estado final es de cuatro muones.

Figura 12. Candidato de Higgs en cuatro muones observado por el experimento atlas.

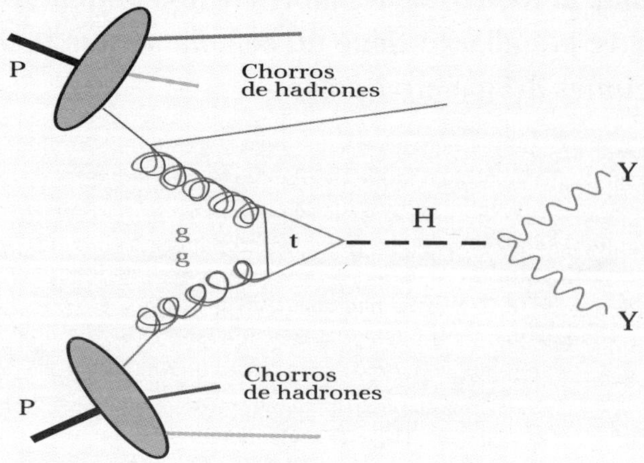

Figura 13. Mecanismo de producción y decaimiento del Higgs. En este canal, el estado final es de dos fotones.

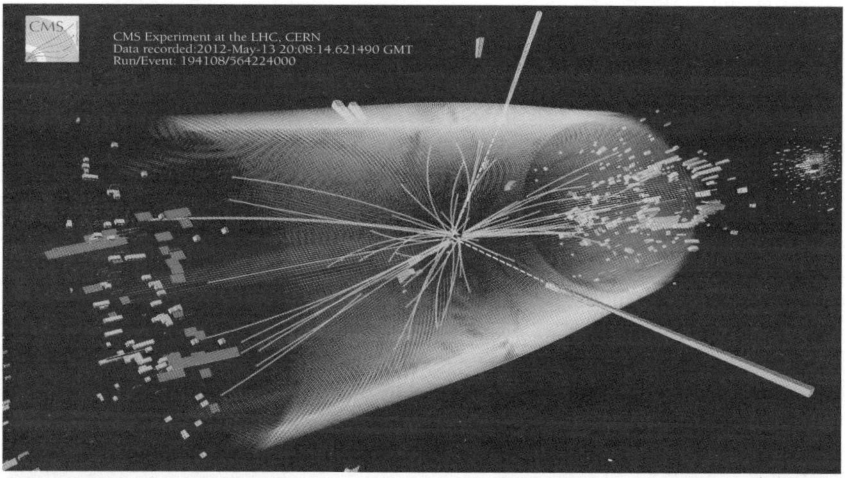

Figura 14. Candidato de Higgs en dos fotones observado por el experimento cms.

El Higgs se produce cuando gluones provenientes de los protones que interaccionan se funden para generar un quark top, el cual es muy pesado y no llega a ser real: permanece en estado virtual para desaparecer rápidamente en un proceso de aniquilación que da origen al Higgs.

El actual rector de la Universidad Autónoma de Sinaloa, Dr. Juan Eulogio Guerra Liera, en su visita al CERN en 2013, junto al Dr. Ildefonso León Monzón, investigador de la UAS y colaborador en el GCH.

El Higgs no vive mucho: 10^{-21} segundos es el tiempo que tiene para mirar al mundo antes de desaparecer con la emisión de fotones o de dos bosones Z, los cuales, a su vez, desaparecen emitiendo leptones, por ejemplo muones que son un tipo de electrones más pesados.

Para el Higgs existen muchas otras maneras de nacer y morir. Las que mostramos aquí son las más emblemáticas porque han sido los canales que se utilizaron para observar de manera significativa su existencia. Los eventos que mostramos en las imágenes corresponden a este tipo.

En fechas recientes, un grupo de mexicanos de varias instituciones se incorporó al experimento CMS. Este grupo ha iniciado un trabajo de análisis de datos.

Desde hace más de diecisiete años, México participa en el experimento ALICE. En él, el grupo mexicano compuesto por investigadores de la Benemérita Universidad Autónoma de Puebla, la Universidad Nacional Autónoma de México, la Universidad Autónoma de Sinaloa y el CINVESTAV, diseñó y construyó dos dispositivos del experimento. Este año, un tercer dispositivo construido por el CINVESTAV, la Universidad Autónoma de Sinaloa y el CERN, comenzó a operar como interfaz entre el detector y el acelerador para diagnosticar la calidad del haz del Gran Colisionador de Hadrones. Este nuevo dispositivo mide la luminosidad en línea y es también un monitor que revela la presencia de radiación generada por el haz de protones. Este nuevo dispositivo, llamado AD (por sus siglas en inglés: «ALICE Diffractive»), ofrece la posibilidad de ampliar el programa de investigación del experimento a lo que se conoce como Física de Procesos Difractivos.

De izquierda a derecha: el Dr. Ildefonso León Monzón, el Dr. Víctor Antonio Corrales Burgueño —exrector de la Universidad Autónoma de Sinaloa (UAS)— y Gerardo Herrera Corral ante el detector de rayos cósmicos de ALICE, en cuya construcción participó la UAS. © CERN

HISTORIAS DEL GRAN COLISIONADOR DE HADRONES Y LA SALUD

EL GRAN COLISIONADOR DE HADRONES, LOS BEATLES Y LA RADIOGRAFÍA A TODO COLOR

Electric and Musical Industries (EMI) es muy conocida como compañía disquera con una amplia nómina de artistas como Frank Sinatra, The Beatles, The Beach Boys, Pink Floyd, entre muchos otros. Sin embargo, EMI también ha sido una compañía manufacturera de productos electrónicos y se ha involucrado en diversos desarrollos tecnológicos mediante grandes inversiones económicas.

Las ganancias por el éxito de los Beatles, por ejemplo, permitieron un gran avance en la medicina moderna, creando equipos avanzados como el de la tomografía computarizada de rayos X, que fue el resultado de una cuantiosa inversión que la compañía EMI hizo para la investigación y construcción de los primeros modelos de este instrumento. De hecho, al primer modelo de tomógrafo se le conoce como EMI Scanner, y con él se realizó en 1972 la primera visualización tomográfica con rayos X del cerebro de un paciente con probable lesión cerebral. La imagen reveló la presencia de un tumor quístico: el cráneo dejó entonces de ser un obstáculo para la obtención de imágenes del cerebro, para el bien de todos.

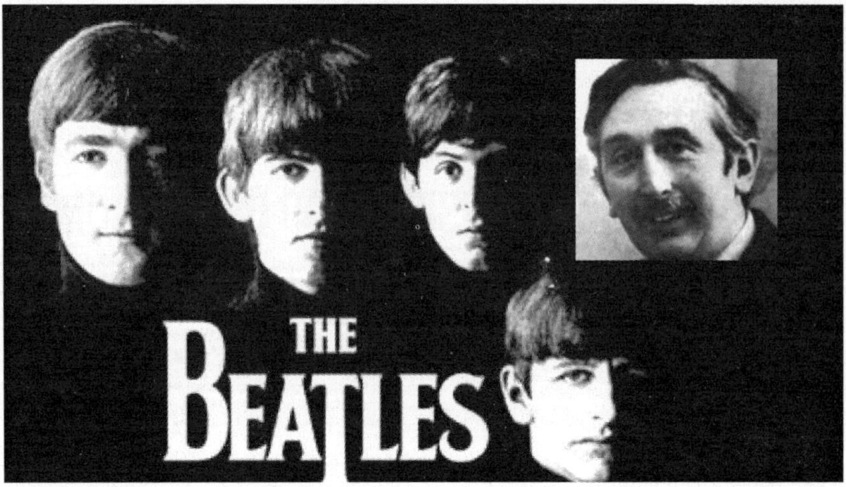

El famoso cuarteto de Liverpool y Godfrey Hounsfield, quien junto con Allan M. Cormack, fue galardonado con el Premio Nobel de Fisiología en 1979 por el desarrollo de la tomografía computarizada.

Para EMI, las ventas de discos del exitoso cuarteto de Liverpool significaron un considerable incremento en sus ganancias, con las que crearon departamentos de investigación como el de Hounsfield, ubicado en los Laboratorios Centrales de Investigación de la compañía, donde, gracias a este financiamiento, Godfrey desarrolló el tomógrafo computarizado que en 1979 lo hizo merecedor del Premio Nobel de Fisiología.

Desde su aparición a principios de los años setenta, el tomógrafo computarizado ha sido intensamente utilizado para visualizar de manera tridimensional cualquier parte del cuerpo, lo que ha hecho posible el diagnóstico temprano de diversos trastornos de la salud. Su utilización revolucionó el mundo de la radiografía al proporcionar a los médicos imágenes que revelan estructuras internas que, de otra manera, permanecería ocultas por la superposición de material biológico.

Los tomógrafos modernos registran la energía total de los fotones de rayos X que atraviesan el cuerpo del paciente, pero no la energía individual de cada fotón. La energía del fotón es lo que determina su color, por eso los tomógrafos actuales solo ven en blanco y negro. La generación previa de detectores de fotones podía contar hasta 100 000 fotones de rayos X por segundo, lo suficiente para producir una buena imagen; no obstante, hace algunos años los físicos de partículas en el CERN consiguieron romper la barrera de conteo de fotones al tratar de mejorar la sensibilidad de sus detectores para medir lo que ocurre en el Gran Colisionador de Hadrones. Mediante este avance, los físicos han logrado medir hasta 10 millones de fotones por segundo, lo que hace posible medir la energía de cada fotón de manera individual.

A finales de 2009, el CERN anunció la creación de un detector de rayos X para ser usado en el diagnóstico de enfermedades cardiacas, el llamado MARS Scanner (Medipix All Resolution System), el cual es resultado de la colaboración de Medipix con el CERN para desarrollar los detectores de silicio que actualmente son utilizados en el Gran Colisionador de Hadrones. El escáner es capaz de tomar radiografías en color, proporcionando más información para el diagnóstico y tratamiento de enfermedades. Otra de las ventajas de este instrumento es que la radiografía en color permitirá reducir la dosis necesaria para tomar las imágenes.

Actualmente millones de personas se benefician cada día con el uso del tomógrafo computarizado que permite diagnosticar de manera más eficaz los trastornos de la salud. Con el nuevo desarrollo de la radiografía en color no queda duda de que las posibilidades de su uso en la medicina aumentarán considerablemente y beneficiarán así a más personas. La venta de 200 millones de discos sencillos de los Beatles, como vemos, permitió en 1968 a la compañía disquera EMI financiar este proyecto que, cuatro años más tarde, produjo un aparato que desde entonces ha contribuido a la salud humana: una razón más para que los admiradores de los Beatles sigan escuchando y disfrutando su música.

No obstante, si vamos más a fondo no será difícil comprender que el éxito en la aparición y uso actual del tomógrafo se debe a la visión de una compañía privada que invirtió en un proyecto que después le dejaría grandes dividendos. EMI no tenía hasta entonces ninguna experiencia en el área de equipos con propósito médico, pero en cinco años EMI Medical Electronics aumentó de cero a 2500 empleados y abrió oficinas en más de una docena de países. Estados Unidos, que ha sido la cuna del mercado libre, se vio de pronto frente al hecho de la importación de numerosos tomógrafos fabricados en Inglaterra. Esta situación llevó al presidente Jimmy Carter a introducir un «certificado especial de necesidad», según el cual todos aquellos que quisieran comprar uno de estos aparatos debían obtener un permiso de las autoridades.

Al contrario, el CERN no es una empresa privada que busque el beneficio económico con los desarrollos tecnológicos que genera; este laboratorio está dedicado a la investigación científica básica. Para hacer posible la investigación básica en el terreno de la física de partículas elementales, es necesario desarrollar tecnología que, como hemos visto, termina beneficiando a la sociedad.[1]

La radiografía en color estará pronto en los hospitales. El CERN no se hará cargo de la fabricación y venta de los tomógrafos porque no es su función; tampoco cobrará un centavo por la riqueza que se genere, así como tampoco obtuvo ganancias por el desarrollo de la web ni por el desarrollo de las cámaras multialámbricas que ahora están en aeropuertos, hurgando en nuestros equipajes para asegurar los vuelos. El

[1] Por investigación básica entendemos aquella que no está orientada a las aplicaciones, sino al conocimiento *per se*.

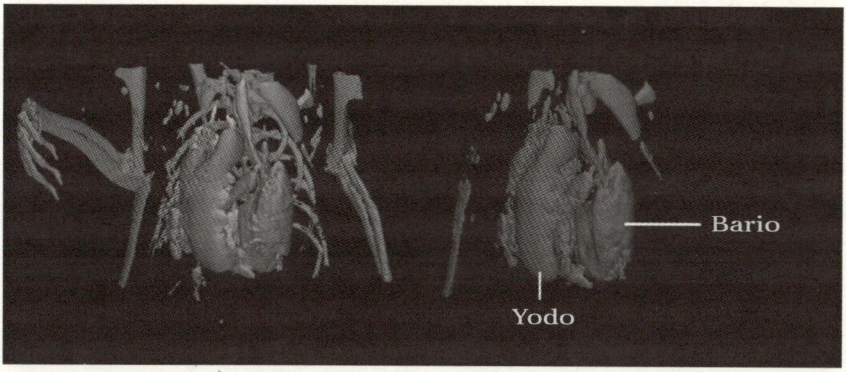

Figura 15. Comparación de una tomografía en blanco y negro con una en color (aquí puede apreciarse en un tono de gris diferente). La información adicional en el contenido de elementos como bario y yodo permite una mejor apreciación. Disponible en: http://www.sciencemediacentre.co.nz/wp-content/upload/2009/12/figure.jpg.

CERN no reclama beneficios por las patentes en electrónica, *software*, etcétera: las registra con el solo objetivo de asegurar que cualquier persona pueda tener acceso a los adelantos tecnológicos que se generan en sus laboratorios.

El Gran Colisionador de Hadrones es un portento de la tecnología y ha sido el motivo de muchas innovaciones. Adicionalmente a las que señalamos, podemos agregar que en 2001 se desarrolló un sensor de temperatura con fibra óptica capaz de medir temperaturas por debajo de 1.4 °K, es decir, tan bajas como −271 °C y menos —este nuevo dispositivo reemplaza una tecnología más compleja y costosa—. Ese mismo año se patentó un cristal nuevo para la detección de luz que puede ser usado en la tecnología PET (Positron Emission Thomography), aparatos que se encuentran actualmente en los hospitales y que permiten ver imágenes de los órganos de manera funcional. Estos son los cristales que se usan en dos de los detectores (ALICE y CMS), y que hoy día producen imágenes médicas para diagnosticar el cáncer.

Además, la necesidad de analizar una gigantesca cantidad de datos que se registra en los experimentos, llevó al CERN a desarrollar el concepto de GRID: una modalidad de cómputo distribuido que permite hacer más eficiente el análisis de datos y aumentar de manera extraordinaria la capacidad de cálculo. El concepto ya se ha implementado en otras áreas: por ejemplo, en Europa existe el proyecto Mamo-Grid, una aplicación médica de almacenamiento y análisis de mamografías.

Como se ve, el Gran Colisionador de Hadrones ha contribuido en gran manera al desarrollo tecnológico, pero en la mayoría de los casos es para productos altamente especializados, por lo que resulta difícil escribir un artículo que llame la atención al lector no versado en esta temática. Sin embargo, aquí damos cuenta de uno de los productos que tiene una indiscutible importancia para la sociedad. Escribir acerca de un circuito que integra pulsos electrónicos con alta resolución a una frecuencia de 40 Mhz no seducirá a muchos lectores, pero no por eso deja de ser un adelanto con grandes consecuencias para el bienestar social.

El Gran Colisionador de Hadrones produce los choques más violentos jamás vistos entre protones. Los experimentos registran las interacciones y estudian los datos que se generan. Con toda seguridad, este conocimiento tan básico de la naturaleza algún día contribuirá también al bienestar humano.

EL ARTE DE VER

¿De qué tamaño es el objeto más pequeño que puede distinguir el ojo humano sin la ayuda de instrumentos? Con el objeto tan cerca como nos sea posible para mantenerlo aún en foco, la córnea y el cristalino de nuestros ojos forman una imagen aproximadamente diez veces menor en la retina. Ahí, la luz incidente es detectada por células fotorreceptoras llamadas conos y bastones, separadas cada una por 2.5 µm, es decir, 0.0025 mm.

De manera simple, podemos asumir que para distinguir dos puntos luminosos entre sí los fotorreceptores que reciben la imagen deben estar separados al menos por otro fotorreceptor que permanezca oscuro. Los objetos luminosos deben, pues, estar separados por más de 50 µm —es decir, 0.05 mm— de forma tal que sus imágenes en la retina estén separadas por lo menos 5 µm (0.005 mm). Por lo anterior, para distinguir claramente objetos espaciados a menor distancia que 0.05 mm, la imagen que se presente a los ojos deberá ser amplificada, pues este es el límite de resolución del ojo humano.

Existen pruebas de que desde la antigüedad se han usado lentes de vidrio para ampliar imágenes. En 1885 se descubrió una lente convexa en las ruinas del palacio del rey asirio Senaquerib (705-681 a. C.), de quien se sabe que se distinguió por su interés por la ciencia y la tecnología. También los antiguos romanos utilizaron lentes con este fin.

Asimismo, en el diagnóstico de enfermedades la visualización fue siempre de enorme importancia. Por ello el gran éxito del invento del microscopio en el siglo XVII, que hacía uso de lentes ópticas, el cual fue seguido por el desarrollo del microscopio de electrones, que utiliza lentes magnéticas. La invención de nuevos microscopios que no usan lentes, así como el desarrollo de nuevas técnicas, continúa ofreciendo a los médicos la posibilidad de ver detalladamente los objetos de su interés.

En 1850, con el desarrollo de microscopios ópticos cada vez más refinados, fue posible observar el bacilo del ántrax, que mide 5 µm (es decir, 0.005 mm). El ántrax es una de las enfermedades de las que se tiene más antiguo registro: se menciona en el Éxodo y también en obras de autores de la Grecia y la Roma antiguas, como Homero, Hipócrates, Ovidio, Virgilio y Plinio. Epidemias desoladoras causadas por esta enfermedad fueron registradas por escritores medievales y modernos, como la que en los siglos XVIII y XIX se extendió por el sur de Europa asolando a la población animal y humana. El ántrax fue la primera enfermedad humana de la que se demostró que el agente causal es un microorganismo, y fue también la primera enfermedad infecciosa para la que se descubrió una vacuna. Su descubrimiento, gracias al microscopio, dio origen a las ciencias modernas de la bacteriología y la inmunología.

Sin embargo, este instrumento también encontró sus límites, pues además de la frontera establecida por la estructura de los receptores en el ojo existe un límite establecido por la longitud de onda de la radiación usada. Este límite se puede entender por el principio de incertidumbre de Werner Heisenberg, que asocia cierta inexactitud con la posición de una partícula cuya velocidad y dirección es conocida. Dicho principio establece que no es posible conocer la posición exacta y la cantidad de movimiento preciso de una partícula a la vez; es decir, siempre habrá incertidumbre sobre la posición del objeto, el cual, para que pueda ser observado, debe dispersar radiación. Pero aun recuperando toda la radiación que emite un objeto desde todos los ángulos, la incertidumbre en la posición será de aproximadamente la mitad de la longitud de onda de la radiación usada. Con luz visible, por ejemplo, la capacidad para distinguir dos objetos es de 0.2 μm, es decir, 0.0002 mm. Si la resolución se limita por la longitud de onda de la radiación empleada, la manera de observar objetos más pequeños es usando radiación con longitud de onda más pequeña. El ojo nos permite ver solo parte del espectro electromagnético, o sea, la que contiene todos los colores del arco iris: la luz visible. Además de este tipo de luz, el espectro electromagnético contiene ondas de radio, radiación térmica o infrarroja y rayos X.

La luz ordinaria tiene una longitud de onda de entre 0.4 y 0.7 milésimas de milímetro. En comparación con ella, la longitud de onda de los rayos X es extremadamente pequeña, del orden de la distancia que hay entre los átomos de los cuerpos sólidos. En las ciencias, todo el espectro de radiación, desde las radiofrecuencias hasta los rayos X, se usa como extensión del ojo humano para investigar la naturaleza.

Los rayos X

En 1895, el físico alemán Wilhelm Conrad Röntgen, después de haber escrito y publicado 48 trabajos de poca relevancia, descubrió los rayos X mientras hacía experimentos con un tubo de rayos catódicos. En una serie de tres trabajos describió sus propiedades y, sin detenerse más en ello, se dedicó a estudiar otros fenómenos. Cabe destacar que Röntgen fue el primero en recibir el Premio Nobel de Física en 1901 por tan impactante descubrimiento.

Si bien la repercusión de los rayos X ha sido enorme, desde su descubrimiento no hubo ningún avance fundamental en el desarrollo técnico de nuevas fuentes, hasta que en 1947 el descubrimiento de la radiación de sincrotrón en los aceleradores de partículas le dio un renovado impulso.

En nuestros días, la llamada radiación de sincrotrón ha incrementado el potencial de los rayos X al reducir aún más su longitud de onda. Los aceleradores que la producen, además de ser fábricas de rayos X con alta brillantez, también pueden producirla con una longitud de onda aún más corta que las que se obtienen con un tubo de rayos X.

La radiación de sincrotrón se produce en los grandes aceleradores de partículas al someter a estas a un proceso de aceleración. En sus orígenes, la emisión de radiación de sincrotrón era indeseable, pues al ser emitida reducía considerablemente la energía de la partícula emisora. Como consecuencia, por la pérdida de energía, los físicos que estudiaban las partículas elementales se vieron obligados a inyectar más energía para lograr que estas alcanzaran una cantidad de movimiento[1] lo más alto posible antes de hacerlas chocar con otras partículas y de ese modo poder estudiar su estructura.

[1] Se le llama cantidad de movimiento al producto de multiplicar la masa y la velocidad. Un cuerpo que se mueva a una velocidad dada tendrá más cantidad de movimiento que otro cuando su masa sea mayor. Si la masa de dos objetos es la misma, aquel que lleve una velocidad mayor tendrá una cantidad de movimiento más grande.

Con el tiempo, los físicos se dieron cuenta de que las propiedades de la radiación de sincrotrón permiten un sinnúmero de aplicaciones; es tal su potencial que muchos países se han dedicado a la construcción de aceleradores capaces de proveer con luz de sincrotrón a la comunidad de científicos de diversas disciplinas. En Latinoamérica, Brasil fue el primer país en dar este paso. Así, alrededor de los grandes aceleradores de partículas se han construido laboratorios de biólogos, físicos médicos, físicos de materiales, etcétera. El Laboratorio de Radiación de Sincrotrón de Hamburgo (HASYLAB, Hamburger Synchrotronstrahlungslabor), en Alemania, reúne desde hace muchos años a investigadores de todo el mundo interesados en este tipo de luz tan especial.

Los caprichos del corazón

En el corazón descansa el alma. Esto se ha pensado siempre; sin embargo hasta ahora, y sin saber lo que es el alma, hemos sido incapaces de echarle una mirada. Los métodos convencionales de radiografía o imagenología en general no han podido hacerlo, pero sí han logrado un enorme avance en la medicina.

Lo que sí está demostrado es que el corazón es el motor del cuerpo. De acuerdo con sus funciones, el corazón consta de tres sistemas: el músculo cardiaco, las válvulas cardiacas y las arterias coronarias. El músculo cardiaco es la parte central del corazón, que da la fuerza necesaria para bombear la sangre a través de las arterias a todo el cuerpo; en este mecanismo, las válvulas cardiacas son las encargadas de regular el flujo sanguíneo, mientras que para realizar la función de bombeo el corazón recibe sangre por medio de las arterias coronarias. Estas arterias son, pues, las que dan vida al corazón, por lo que si una de ellas se bloquea el abastecimiento de sangre al músculo cardiaco cesa y el resultado puede ser fatal. Como método de diagnóstico para valorar lesiones cardiacas, se introduce un tubo de plástico delgado o catéter por el sistema arterial hasta la aorta, por el que se inyecta un medio de contraste, opaco a los rayos X, que hace visible el interior de las arterias coronarias en imágenes radiográficas.

El uso del catéter es, hoy en día, el único método que ofrece un 100 % de seguridad en el diagnóstico de estrechamiento de las coronarias. La determinación correcta es de gran importancia. En el caso de estrechamiento de alto grado, solo después de un cateterismo diagnóstico será posible decidir si se practica una ampliación de la arteria o la aplicación de un puente a corazón abierto.

En abril de 1995, tres pacientes del hospital de la Universidad de Hamburg-Eppendorf fueron expuestos a radiación de sincrotrón sin el uso de catéter para examinar las arterias coronarias. En lugar de usar el procedimiento convencional, los investigadores aplicaron una inyección intravenosa en el brazo de los pacientes. Este procedimiento forma parte del proyecto Angiografía Coronaria no Invasiva con Radiación de Sincrotrón (NIKOS: Nicht-Invasive Koronarangiographie mit Synchrotronstrahlung).

Las personas que han tenido alguna intervención cardiaca se enfrentan a un problema serio: después de la cirugía, es esencial que su sistema coronario sea examinado con rayos X periódicamente con el fin de detectar alguna nueva constricción y el consiguiente riesgo de infarto de miocardio. En la mayoría de los casos, este se presenta como un repentino bloqueo de la arteria coronaria en una contracción patológica denominada estenosis, la cual es vital detectar a tiempo. Con los métodos actuales, el examen de las coronarias con rayos X, además de ser incómodo y complejo, es riesgoso. Las complicaciones se presentan en el 2 % de los casos; de ellas la mitad son serias, mientras que el procedimiento causa la muerte a uno de cada mil pacientes intervenidos. Esta cifra es alarmante si consideramos que, solo en Alemania, se examinan 400 000 pacientes al año.

El método NIKOS utiliza una sustancia de contraste que se administra vía intravenosa. Al momento de llegar al sistema coronario, dicha sustancia se ha diluido cuarenta veces, de forma tal que no puede ser distinguida adecuadamente en los huesos y los tejidos. El examen se realiza comúnmente tomando una imagen antes de inyectar la sustancia de contraste y otra después. Este método está indicado en otros órganos y es conocido como angiografía por sustracción digital, sin embargo no es adecuado para estructuras con movimientos rápidos como las arterias coronarias, debido al tiempo que transcurre entre la toma de las dos imágenes.

Una variante de dicho método ha sido desarrollada con el fin de resolver este problema: la dicromografía o angiografía de dos colores. Este procedimiento evita la confusión

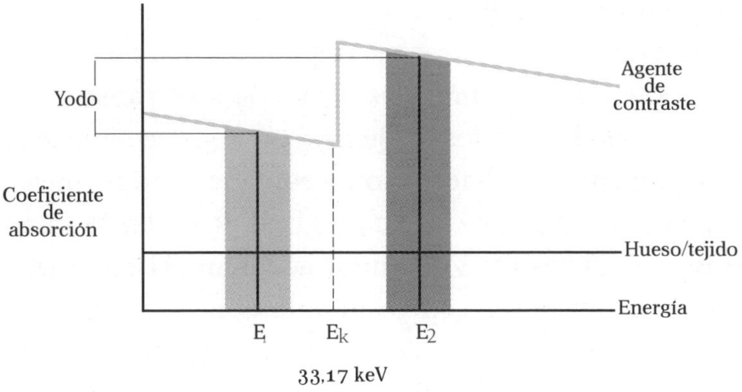

Figura 16. El haz de rayos X que proviene del acelerador se divide en dos componentes con energías ligeramente por debajo y un poco por arriba de la que absorbe el yodo que se utiliza como agente de contraste.

debida al movimiento entre las dos exposiciones y permite obtener simultáneamente las imágenes requeridas para la sustracción digital cuando las arterias contienen ya el medio de contraste.

Para producir dos imágenes simultáneas del sistema de arterias coronarias que han sido coloreadas con yodo, se usan dos rayos de luz de sincrotrón que salen de un acelerador de electrones. Los dos haces se intersecan en el corazón del paciente y son registrados por un detector. Para registrar las imágenes se requiere que el haz de rayos X recorra el tórax del paciente. El problema es mover el haz de radiación, ya que este atraviesa todo lo que encuentra en su camino sin modificar su trayectoria. Por tal razón, más que intentar mover el haz, se coloca al paciente en una silla especial que se mueve a una velocidad constante de 50 cm por segundo. La imagen es registrada en 0.25 s, mientras el paciente baja con la silla en un movimiento suave. Aunque la intensidad del haz es 10 000 veces mayor que la de un tubo de rayos X convencional, los riesgos son menores para el paciente. De hecho, el tiempo de irradiación requerido es extremadamente corto y la dosis de radiación que se recibe es menor que la de un examen de angiografía coronaria normal.

Los diferentes contrastes requeridos para la sustracción son obtenidos mediante las propiedades de absorción de radiación del yodo. Las dos imágenes son registradas de manera simultánea por dos haces monocromáticos de rayos X que difieren solo ligeramente en su longitud de onda. Al sustraer las imágenes, el resultado es impresionante: el contraste de yodo aparece en la imagen resultante con una sensibilidad 10 000 veces más alta que el contraste del tejido, pero solo se obtienen imágenes claras si los dos haces monocromáticos de rayos X tienen energías muy similares. Los dos haces de rayos X, que son diez veces más intensos que los obtenidos

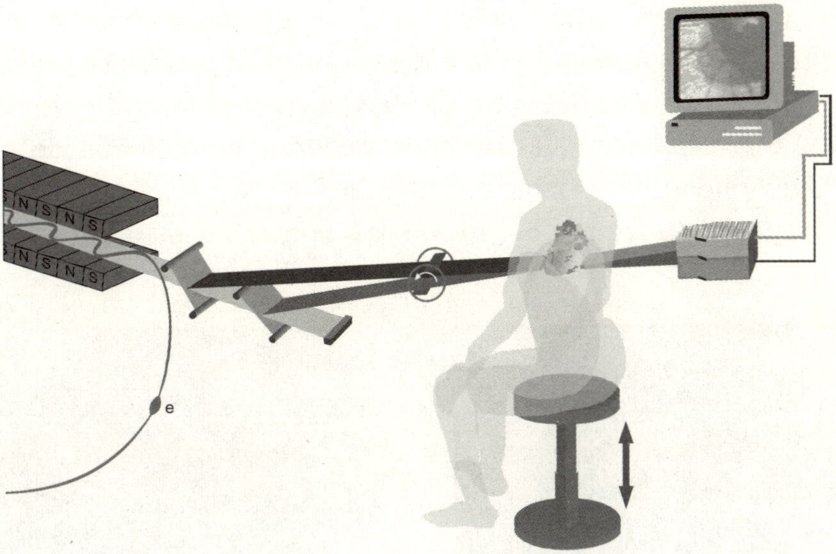

Figura 17. Arreglo experimental del proceso de obtención de imágenes radiográficas de las arterias coronarias (angiografía). La técnica utiliza una fuente de luz sincotrón, es decir, rayos X de un acelerador de electrones. El haz de rayos X se divide luego en dos, que de manera simultánea produce sendas imágenes. © DESY

con tubos de rayos X comerciales, pueden lograrse al filtrar el espectro de radiación de sincrotrón.

Sin embargo, el catéter fue usado en un paciente para introducir la sustancia de contraste —30 ml de yodo— en la vena cava superior (no en la aorta) a través de un vaso sanguíneo del brazo. La sustancia de contraste alcanzó las arterias coronarias en diez segundos. El paciente fue irradiado con dos haces monocromáticos de diferente energía que el yodo absorbe de manera diferente, lo que dio origen a las imágenes que se muestran en las figuras 18 y 19, con la interferencia de tejido y de los huesos que oscurece las arterias coronarias. Después de sustraer las imágenes de las figuras aludidas, el «ruido» desaparece revelando la arteria coronaria derecha (ver figura 20), donde se observan dos serias estenosis. Puede observarse también un residuo de sustancia de contraste en las venas pulmonares. Aunque no se indica aquí, en la imagen se puede ver la aorta, la aurícula izquierda y el ventrículo izquierdo.

A principios de los años ochenta, cardiólogos de la Universidad de Hamburg-Eppendorf y físicos de HASYLAB se propusieron formar el grupo NIKOS con el fin de desarrollar

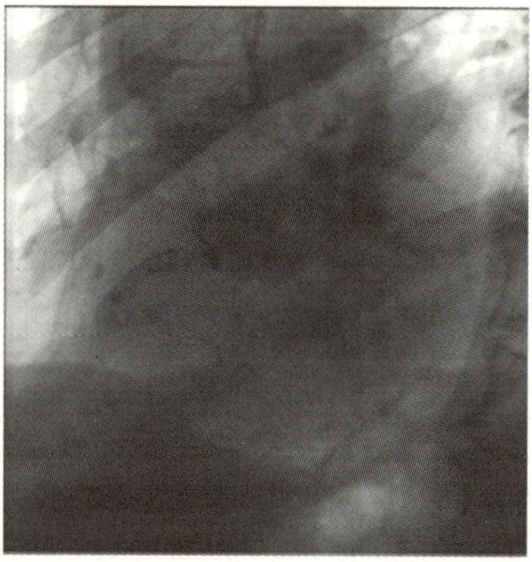

Figura 18. Imagen obtenida con el haz a 32.97 KeV de energía.

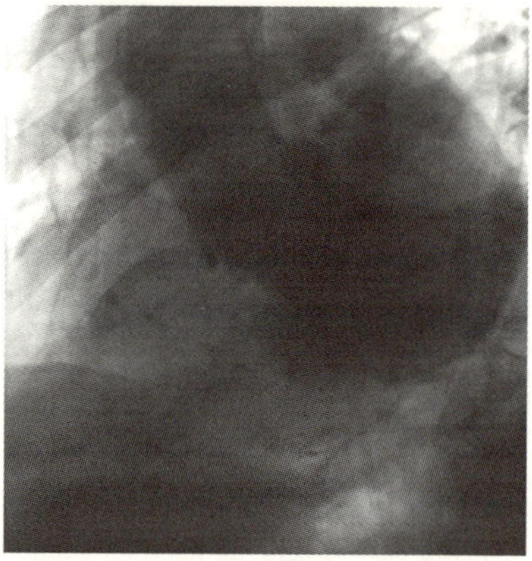

Figura 19. Imagen obtenida con el haz a 32.37 KeV de energía.

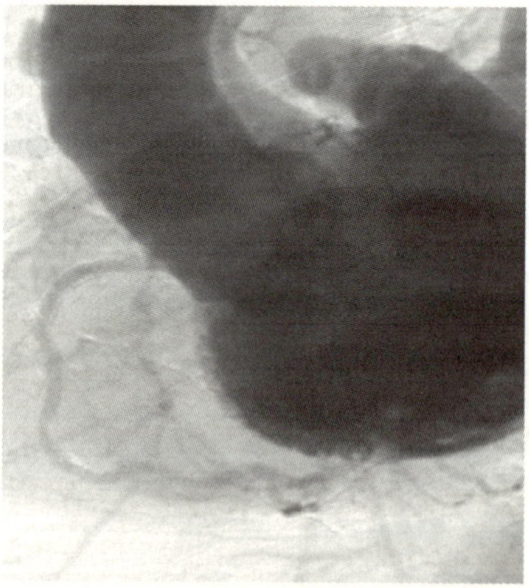

Figura 20. Angiografía coronaria obtenida con la sustracción de las imágenes.

la angiografía coronaria no invasiva. Hoy en día se trabaja en dicromatografía en otros laboratorios del mundo, como el Brookhaven National Laboratory en Estados Unidos y en laboratorios de Japón, Rusia y Francia. Asimismo, en diferentes partes del mundo se explora la posibilidad de aplicar esta técnica para la obtención de imágenes de otras estructuras del cuerpo.

Radiografía por contraste de fase

En las diferentes especies de animales existe una amplia variedad de sistemas ópticos. Los peces poseen ojos con lentes esféricas en las que el índice de refracción varía con el radio. Estas lentes tienen una distancia focal muy corta y corrigen las aberraciones esféricas en un amplio campo de visión. Algunos moluscos desarrollaron una óptica de reflexión y no de refracción, pero los ojos compuestos de algunos insectos son el ejemplo más común de que la naturaleza eligió espejos biológicos en lugar de lentes. Sin embargo, en toda esta variedad de sistemas ópticos el proceso básico de detección de la luz en la retina es el mismo. Este proceso no es simple, y no deja de asombrarnos que sea común a todos los diferentes tipos de ojos que deben de haber evolucionado de manera independiente. La detección de luz en la retina es un proceso cuántico en el que una molécula sufre un cambio químico en la absorción de un solo fotón, aunque por supuesto tiene que haber un mínimo de moléculas afectadas para que el cerebro pueda reaccionar. Este proceso es común a todos los ojos, aunque las frecuencias de la luz que son detectadas cambian de una especie a otra.

La naturaleza de la luz es ondulatoria, y además de presentar cambios en la intensidad o amplitud de onda, también puede presentarlos en su fase, es decir, el desplazamiento entre las crestas y valles de varias ondas de luz. Los ojos, sin embargo, no son sensibles a pequeños cambios de fase, ya que fueron hechos para captar diferencias solo en la intensidad de la luz.

En 1930, el físico holandés Fritz Zernike desarrolló el microscopio óptico por contraste de fase. Este aparato hizo posible traducir el cambio de fase que la luz sufre al atravesar un objeto en un cambio en amplitud, es decir, en la intensidad. Con esto fue posible visualizar objetos transparentes. La única condición que el objeto debe satisfacer es que existan diferencias en el índice de refracción en sus diferentes partes, lo que significa que la velocidad con la que pase la luz a través del objeto debe ser diferente en distintos puntos.

La diferencia en la velocidad de varias ondas de luz causa diferencias en sus fases; estas pueden ser usadas para obtener contrastes con un ingenioso arreglo óptico. Las membranas celulares, por ejemplo, pudieron ser distinguidas aun cuando eran transparentes y 30 veces más delgadas (0.00001 mm) de lo que puede distinguirse con luz visible. La trascendencia que ha tenido el microscopio por contraste de fase en la biología y en la medicina ha sido enorme.

Para algunas especies del mundo acuático hubiera sido más ventajoso desarrollar dispositivos ópticos sensibles a los cambios de fase de la luz. Existen algunas medusas que son transparentes, por lo que pasan inadvertidas a sus depredadores. Esta ventaja natural desaparecería si las tortugas que las devoran tuvieran una óptica como la desarrollada por Zernike, en la que el corrimiento de fase que sufre la luz al atravesar sus cuerpos se hiciera perceptible. Sin embargo, después de haber desarrollado el ojo —que solo es sensible a la absorción— la evolución dotó a los depredadores de una mayor sensibilidad a los cambios eléctricos y a las vibraciones del agua que producen las medusas cuando tratan de escapar.

El método radiográfico convencional hace uso de la absorción de la radiación para obtener sus imágenes. Esto es lo que se viene haciendo desde hace cien años, cuando Röntgen descubrió los rayos X. El procedimiento consiste en dirigir radiación a un objeto y registrar en una placa radiográfica lo que logra atravesarlo sin ser absorbido. La imagen se obtiene de manera directa, de la misma forma que se observa nuestra sombra por la incapacidad de los rayos de luz de atravesar nuestro cuerpo. La técnica radiográfica por absorción funciona bien cuando lo que se desea observar involucra tejido con alto grado de absorción. En estudios clínicos y biológicos, donde el tejido es menos denso, el método deja de ser útil. Un claro ejemplo es el examen de mama, en el que es necesario diferenciar el tejido sano del tejido tumoroso, aun cuando la diferencia en densidad es mínima. Los expertos han encontrado que mediante el uso de radiografía convencional la relación de falsos positivos y positivos verdaderos es de 20 a 1, y que en aproximadamente del 10 al 20 % de las mujeres que presentan anomalías tangibles los mamogramas convencionales no detectan nada. En cambio, los métodos convencionales actuales de diagnóstico en mamografía permiten observar microcalcificaciones de 0.2 mm.

La figura 21 muestra tejido mamario de 3 × 3 cm, con un espesor de 2.5 cm. Para obtener la imagen fue necesaria una dosis de radiación equivalente a la cuarta parte de la que se requiere en la imagen adjunta y que tiene una calidad visiblemente menor. En la parte baja de la imagen son visibles pequeñas esferas de cuarzo de 300 µm (0.3 mm) incorporadas para simular la presencia de microcalcificaciones.

Una técnica radiográfica por contraste de fase con rayos X, equivalente a la técnica de Zernike para luz visible, parece tener un enorme potencial. Sin embargo, el escenario técnico es completamente diferente y mucho más complejo, ya que los dispositivos ópticos de un microscopio por contraste de fase que use luz visible son completamente inútiles cuando se trata de los penetrantes rayos X. Con los desarrollos técnicos en cristalografía y el uso de fuentes de radiación de sincrotrón ya es posible obtener imágenes radiográficas por contraste de fase. Se ha podido demostrar que con el uso de la radiación de sincrotrón es posible obtener imágenes de gran calidad, con dosis de radiación menores a las que se usan en una radiografía convencional. El reto actual es lograr esto con tubos de rayos X.

El procedimiento básico de la radiografía por contraste de fase consiste en iluminar el objeto con un haz de rayos X monocromático, es decir, formado con ondas de la misma longitud. Al atravesar el objeto, el haz sufre atenuación y refracción, la última de las cuales tiene lugar en los bordes interiores del objeto. Los ángulos de refracción de rayos X son muy pequeños, por lo que para poder revelarlos es necesario colocar un cristal reflector de silicio después del objeto. Este cristal crea una imagen del objeto al convertir los cambios de la fase del haz de rayos X en cambios en la intensidad.

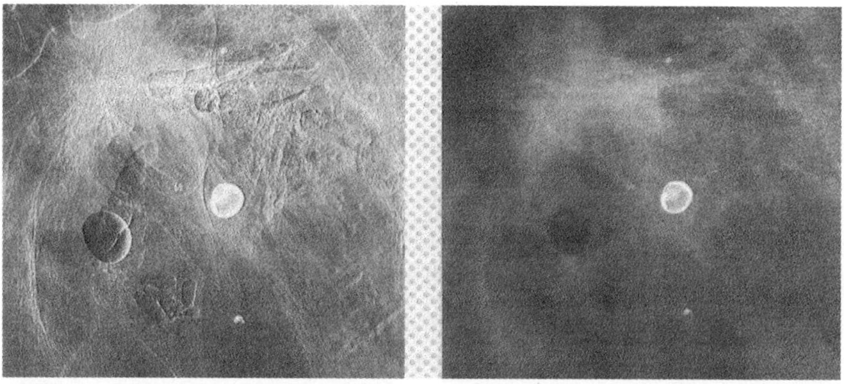

Figura 21. Imágenes de tejido biológico con la técnica por absorción (derecha) y contraste de fase (izquierda).

Actualmente la tomografía computarizada es considerada la mejor técnica en el análisis de tejidos blandos. Con ella es posible reconocer tejidos con diferencias de densidad muy pequeñas (de hasta 0.01 g por centímetro cúbico), con una resolución de 1 a 2 mm y usando una dosis razonable de radiación.

Con la radiografía por contraste de fase debe ser posible distinguir tejidos con diferencias de densidad de hasta 0.0003 g por centímetro cúbico. El tamaño mínimo de los detalles observables con esta técnica depende del arreglo utilizado y varía entre 0.01 y 0.025 mm. Las figuras 22 y 23 muestran la imagen obtenida por radiografía convencional de una flor de diente de león (*Taraxacum officinale*) y la obtenida por contraste de fase, respectivamente.

La radiografía por contraste de fase no depende de la absorción, sino de la refracción de los rayos X. Este es un fenómeno inofensivo en el que los electrones permanecen ligados a sus átomos, por lo que no se forman iones. Consecuentemente, se pueden usar energías del haz que no causan absorción y por tanto la dosis de radiación es menor, con el subsiguiente aumento en la seguridad para el paciente.

La radiografía por contraste de fase parece revelar detalles del sistema linfático que son imposibles de observar con resonancia magnética. Además, el uso de sustancias de contraste en las técnicas de resonancia magnética, tomografía computarizada o tomografía por emisión de positrones es una desventaja que no tiene la radiografía por contraste de fase.

Asimismo, la técnica radiográfica no tiene las desventajas inherentes a la imagenología por resonancia magnética, como la imposibilidad de examinar a claustrofóbicos o a personas con implantes (particularmente si son metálicos). Esto permite que sea usada durante las cirugías de cerebro, de próstata, en implantes de estimuladores cardiacos, etcétera. El que la dosis de un examen con contraste de fase sea diez veces menor que la que recibe el paciente en un examen convencional permite que nos olvidemos por completo de cualquier consecuencia indeseable. En cuanto a los costos, la técnica radiográfica presenta también una enorme ventaja. El costo de una radiografía por contraste de fase es el mismo que el de una radiografía convencional, y por supuesto mucho menor que el de una imagen por resonancia magnética. De los estudios realizados en muestras de mama, es razonable concluir que la técnica de radiografía por contraste de fase será en un futuro la técnica de detección temprana de tumores malignos. La posibilidad de usarla para obtener imágenes en otros órganos está en estudio, pero ya ha sido posible mostrar que tiene un enorme potencial en muchas áreas.

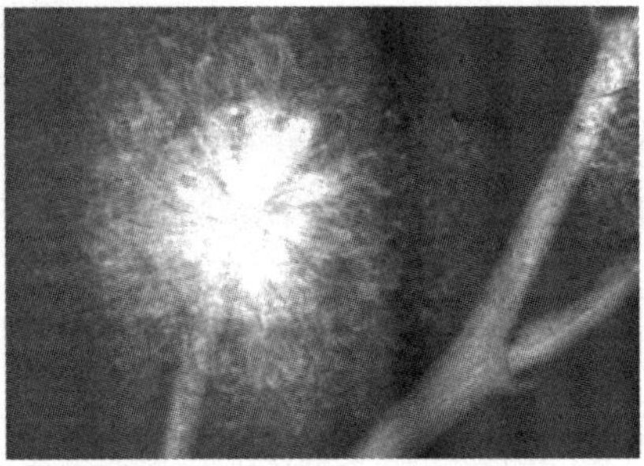

Figura 22. Imagen obtenida por radiografía convencional de una flor de diente de león.

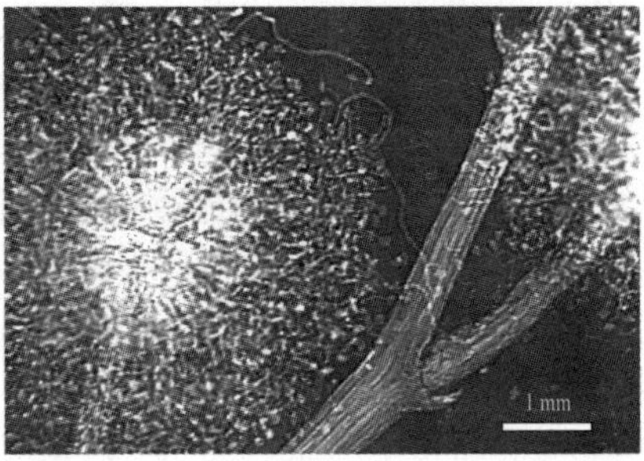

Figura 23. Imagen obtenida por contraste de fase de una flor de diente de león.

PROTONES CONTRA EL CÁNCER

Si queremos extirpar el cáncer, el bisturí más fino es un haz de protones. La tecnología que usan en la actualidad los físicos en el Gran Colisionador de Hadrones para acelerar protones y estudiar lo que ocurre cuando se los hace chocar a energías muy altas es, en muchos aspectos, la misma que está curando el cáncer en cada vez más hospitales del mundo.

Los protones tienen características diferentes a las de los haces de electrones y rayos X que se usan convencionalmente en el tratamiento contra el cáncer. Los haces de los rayos X penetran al cuerpo con un alto nivel de energía hasta llegar al tumor y salen por el lado opuesto irradiando también a todo el tejido sano que encuentran a su paso. En cambio, los protones entran al cuerpo con un nivel de energía bajo y liberan la mayor parte de su energía en el momento en que golpean el tumor. De esa manera es muy leve el daño que hacen al tejido sano que se encuentra antes del tumor y es prácticamente cero para el tejido que se encuentra detrás. Más de treinta mil pacientes han sido tratados ya con haces de protones y se han estudiado los resultados obtenidos —por ejemplo, en personas con problemas de cáncer en la cabeza o el cuello—, los cuales hasta ahora son considerados muy exitosos.

No obstante, habría que aclarar que en sus inicios los aceleradores fueron desarrollados para estudiar la estructura de la materia. Los físicos usan estas máquinas para fragmentar partículas subatómicas y lograr una mejor comprensión de las leyes de la naturaleza. Esta investigación que pareciera ociosa, costosa y del interés de unos cuantos científicos alejados de la realidad, fue la que llegó a los hospitales hace tiempo, con los beneficios para la salud humana ya señalados aquí.

Estados Unidos cuenta con seis centros de tratamiento contra el cáncer con haces de protones de los veinte que hay en el mundo. Sin embargo, los científicos e ingenieros siguen tratando de construir nuevos aceleradores para el tratamiento del cáncer usando la misma tecnología de bobinas superconductoras que se usa en el Gran Colisionador de Hadrones —el cual es un acelerador de protones que funciona con magnetos superconductores—, pero buscando que esta sea más económica y eficiente.

Cuando los tumores cancerosos están ubicados muy cerca de órganos vitales o de manera profunda en el organismo, o bien cuando no responden al tratamiento radiactivo con haces de electrones o con fotones convencionales, el uso de haces de protones es la terapia óptima, pues no solo mejora el control del tumor, sino que además reduce de manera importante las complicaciones debidas a la irradiación de tejido sano, lo cual es inevitable en la irradiación con haces convencionales. Los estudios han mostrado la gran efectividad de la terapia en tumores oculares en niños, así como en tumores localizados en la base del cerebro, en la próstata y en general cerca de órganos sensibles. La desventaja de esta novedosa manera de tratar el cáncer se encuentra en el costo de los centros de hadroterapia, pues el equipo que se requiere en los hospitales cuesta de 120 a 180 millones de dólares. Es por eso —como decíamos— que grupos de físicos e ingenieros están buscando la manera de abaratar estos sistemas, haciéndolos más compactos, sencillos y estables. Existe ya un prototipo que usa magnetos superconductores que han permitido reducir el ciclotrón al tamaño de una habitación, lo que tendría un costo aproximado de 20 millones de dólares por cada cubículo de terapia. No obstante, como un hospital debe tener varios cuartos de tratamiento, el costo sería muy alto.

Los investigadores también están estudiando los efectos biológicos del tratamiento con protones en células cancerosas y sanas. Algunas de estas investigaciones hacen uso de tecnologías empleadas por los físicos de altas energías, como el empleo que se hace de los detectores de franjas y de calorímetros —similares a los que están registrando los eventos en los experimentos del Gran Colisionador de Hadrones—. También se emplea el *software* GEANT4, ya tradicional entre los físicos, para el modelado del paso de las partículas por el tejido biológico. Estos instrumentos, criticados por muchos como «juguetes de científicos», están llegando a las salas de los hospitales y nos están aliviando del cáncer, la enfermedad más letal en el mundo.

La parte más atractiva del uso de los haces de protones es la precisión con que se puede irradiar una zona dada del cuerpo con un daño mínimo al tejido sano, lo cual reviste una enorme importancia. Por ejemplo, hace cuatro décadas, la familia de un niño de cinco años recibió la terrible noticia de la presencia de un linfoma maligno, un cáncer denominado enfermedad de Hodgkin. Se trata de un tumor que se desarrolla en los ganglios linfáticos,[1] los cuales se encuentran en el cue-

[1] Los ganglios linfáticos producen un tipo de glóbulos blancos denominados linfocitos, que se encargan de combatir las infecciones.

llo, las axilas y las ingles, pero también en algunas otras partes del cuerpo como el tórax, el abdomen y la pelvis. Afortunadamente, es el tipo de cáncer que responde bien al tratamiento con radiación, así que el médico irradió al pequeño paciente de manera repetida con un haz de rayos X en las áreas (nódulos linfáticos) donde el cáncer se presentó bajo sus brazos, en el cuello y a la mitad de su pecho. El cáncer desapareció: el niño estaba curado, pero nunca más recuperó su salud, pues cuando creció las zonas irradiadas de su organismo no se desarrollaron normalmente: su cuello quedó extremadamente delgado, sus hombros muy estrechos y se hizo cada vez más notable una extraña depresión en su pecho. Además, el daño a la glándula tiroides fue tal que no pudo producir hormonas suficientes. Sin tratamiento adecuado, personas con daños de este tipo en la tiroides aumentan de peso y se ponen letárgicas. El paciente debió tomar medicamentos para la tiroides el resto de su vida. Para colmo, a la edad de 34 años sus válvulas cardiacas funcionaban tan mal que debieron ser reemplazadas y la probabilidad de que sufriese un ataque cardiaco fue siempre mucho más alta que en cualquier persona.

Los estudios más recientes muestran que cada unidad de radiación recibida ocasiona un daño. Cuanto más pequeña es la dosis, más tiempo tarda en manifestarse. Por ello, hace apenas unos cinco o seis años los médicos descubrieron lo que pueden afectar los tratamientos de radiación: por ejemplo, la radioterapia en el cerebro puede ocasionar un descenso en el IQ de las personas, el tratamiento para el cáncer de próstata puede tener como consecuencia sangrados rectales y asimismo los tratamientos en el pecho tienen como consecuencia una inflamación pulmonar seria. El tratamiento para el cáncer con daño mínimo al tejido sano es, pues, de fundamental importancia; por tal razón el uso de protones en este proceso constituye un avance de gran relevancia en la lucha

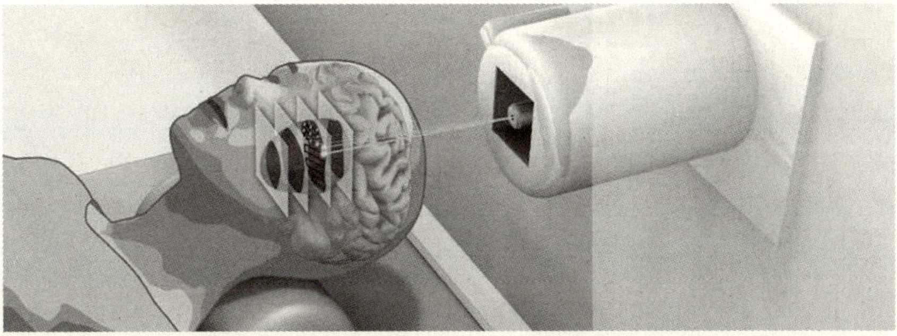

Figura 24. Irradiación de un tumor con un haz de protones. © CERN

contra esta enfermedad, toda vez que proporciona una manera más precisa y menos dañina de tratar los tumores.

La energía de los protones para el tratamiento de cáncer es de entre 70 y 250 MeV; el ajuste de esta energía permite focalizar la profundidad a la que se encuentra el tumor. Por su parte, el Gran Colisionador de Hadrones estudia el choque de protones a una energía de 7 TeV, o sea casi un millón de veces más. Las escalas de energía son muy diferentes, pero la tecnología utilizada en proyectos tan complejos como el acelerador del CERN representa una diversidad de soluciones para los problemas que se van presentando cuando se requiere atacar al cáncer.

ENERGÍA NUCLEAR

Usted es un adicto a la energía. El lector entenderá lo que queremos decir con esto si le explicamos que para producir un kilogramo de azúcar refinada se requiere el equivalente en energía a 400 g de petróleo; para sacar un kilogramo de pescado fresco del mar y ponerlo en su mesa se necesita la energía contenida en 1.2 kg de petróleo; para mantener alumbrada durante un año la casa donde habita es necesario quemar 200 kg y para fabricar el carro que conduce fue necesario extraer la energía de 1.3 t de petróleo —recorrer 12 000 km en un año con su coche requiere también de 1.3 t del hidrocarburo.

Por supuesto, la lista no termina aquí, pero es suficiente para entender que la sociedad moderna tiene grandes necesidades de energía. De 1950 a la fecha la demanda de energía se triplicó, y hay quien piensa que para 2020 su consumo aumentará en un 50%.

Los mexicanos consumen en promedio una tonelada de crudo per cápita al año. En los países industrializados, el consumo por habitante es de 5 t.

Solo el transporte de combustibles fósiles a través del mundo tiene un costo ambiental enorme, no hablemos ya de la extracción, aplicación y consumo de los mismos. Los grandes buques-tanque con capacidad para 400 000 t navegan por el mundo y ocasionalmente algo sale mal. Cuando el *Exxon Valdez* chocó contra un arrecife en marzo de 1989, se derramaron 42 millones de litros de crudo en el área silvestre de Prince William (Alaska). Casi 2000 km de costa fueron cubiertos por una capa de crudo que diezmó la vida en un área gigantesca. Desafortunadamente, este no ha sido el único derrame: centenas de accidentes como el mencionado han ocurrido en los últimos años, y con seguridad seguirán ocurriendo.

Las emisiones de bióxido de carbono a la atmósfera por la combustión de petróleo, gas y carbón son alarmantes. La crisis ambiental es latente y global. Ante esto, los interesados en el problema de la energía asumen posiciones que barren todo el espectro de lo posible. Existen grupos ambientalistas que proponen recuperar una forma de vida primitiva en la que nuestras necesidades de energía se reduzcan a las 2000 kcal que constituían nuestra dieta aun sin el uso de fuego. Esta posición radical parte de la premisa de que la actividad humana es mala y la naturaleza buena. Se ha llegado incluso a plantear que la humanidad es un cáncer sobre la faz de la Tierra y que debe desaparecer. Las propuestas son, pues, difíciles de aceptar por sectores de la sociedad que tienen una mejor opinión de sí mismos.

Existen también grupos conservadores que, al observar el problema de la energía como un problema del medioambiente, no ven razones para preocuparse y consideran que si después de uno o varios siglos Estados Unidos se convierte en un desierto incapaz de producir trigo, y por las mismas razones Siberia adquiere un clima templado que lo convierta en el granero del mundo y comience a producir piñas dulces y papayas jugosas, no hay razón para atormentarse la existencia: después de todo, hace 20 000 años el hielo cubría una buena parte de nuestro planeta. El destino del ser humano es el de adaptarse a las variaciones del clima y esto será más fácil para una sociedad técnicamente desarrollada.Entre estas posiciones extremas podemos encontrar todo tipo de opiniones.

El problema de la energía es un problema complejo, pues involucra mucho más que los aspectos técnicos asociados. Las decisiones que se toman en esta área tienen fuertes componentes políticos, sociales, económicos, etcétera. Cuando se discuten temas con este perfil multifacético, casi cualquier cosa que se diga ocasiona irritación en alguien más que considera inadmisible lo expresado. Con todas sus implicaciones, el consumo de energía es la base de nuestro bienestar, y la energía necesaria para generar este bienestar debe ser producida de alguna forma.

Además de los hidrocarburos y la energía nuclear, existe la energía eólica, que se genera cuando el viento hace girar las aspas de una hélice. La energía generada de esta manera es renovable y limpia, pero es asimismo intermitente y limitada a zonas geográficas determinadas. Por su parte, la energía de la biomasa procede del aprovechamiento de la materia orgánica. La biomasa puede ser de origen vegetal o animal y es además un recurso renovable, aunque la obtención de esta energía genera gases que son arrojados a la atmósfera y la producción de biomasa está ligada también al deterioro ambiental. Sus promotores aseguran que existe un equilibrio entre la generación de gases y lo que los cultivos son capaces de procesar durante su crecimiento. Sin embargo, el cultivo de ciertas especies de vegetales involucra algo más que el crecimiento natural, y es difícil aceptar que no existe un deterioro ambiental asociado.

La energía fotovoltaica, que se obtiene mediante el uso de fotoceldas que captan la energía presente en la radiación solar para convertirla en energía eléctrica, tiene el inconveniente de ser costosa no solo desde el punto de vista financiero, sino además desde el punto de vista energético. La tecnología más moderna en esta dirección consiste en delgadas películas de teleruro de cadmio que involucran químicos peligrosos para la salud. Seguramente en el futuro próximo se encontrarán mejores maneras de construir celdas más eficientes.

Alemania ha invertido una gran cantidad de recursos en esta alternativa. Ahí se construyó en años recientes uno de los parques más grandes de producción de energía fotovoltaica: con un costo de 35 millones de euros se cubrió una superficie de 770 m^2 que generan la energía que consume un poblado de 8000 habitantes llamado Arnstein. Los números hablan por sí solos.

La más antigua fuente de energía, la hidroeléctrica, contribuye con casi el 20% de la energía mundial. México aún cuenta con recursos de este tipo pero, debido a su naturaleza, son limitados. Se estima que estos podrían satisfacer hasta un 20% de las necesidades actuales del país si se llegasen a explotar de manera razonable. En los países industrializados es un recurso agotado.

Las fuentes de energía renovable limpia son cada vez más importantes en su contribución mundial, tanto que se estima que para 2050 estas tecnologías estarán generando el 50% de las necesidades globales. ¿Y mientras tanto? ¿y qué del 50% restante?

Algunas organizaciones ambientalistas han aprovechado la explosión del reactor de Fukushima para mejorar sus ingresos, presentando esta problemática ambiental de manera sensacionalista. Se difunde esta percepción espectacularmente, con estrategias de mercadotecnia que buscan hacernos percibir de manera distorsionada la situación. Sin embargo, los métodos que son buenos en el comercio, en el mundo de la moda y en las campañas políticas, están lejos de ser los métodos de la ciencia y la tecnología. Los ingenieros trabajan con la realidad y no con la mercadotecnia.

Si bien México no depende fuertemente del carbón para generar energía eléctrica, los mexicanos sí sabemos muy bien el costo en vidas que esta contribución representa. México genera un modesto 5 % de su energía eléctrica a partir del carbón, y aun con esta pequeña fracción de energía proveniente de nuestras minas sabemos que Pasta de Conchos no fue el último infortunio ni lo será el actual pozo de Sabinas, Coahuila. Sabemos también que las personas que habitan cerca de las plantas generadoras de electricidad con carbón están más expuestas a radiactividad que los que viven cerca de las plantas nucleares, pero estos hechos no son espectaculares como para ganar espacios en los medios.

En el periodo de 1970 a 1990 perdieron la vida más de 6000 trabajadores en el sector de la generación de energía por carbón; en la generación de electricidad con gas natural, las víctimas suman más de 1200 entre trabajadores y público; en el sector hidroeléctrico el número de muertos es de 4000 en el mismo periodo, mientras que el sector núcleo-eléctrico, con el muy lamentable accidente de Chernobil, reporta 31 casos fatales. No estamos poniendo aquí números especulativos: son números que no están sometidos a la polémica ni a la manipulación de informes.

Las medidas de seguridad en las plantas nucleares han llegado a niveles extraordinarios. Se cuenta con una enorme cantidad de sistemas, y cada vez que alguno de estos dispara, por la razón que sea, se contabiliza y se le da atención. Aun así, el número de eventos que han disparado estos sistemas ha caído de 2.37 en 1985 a 0.03 en 2000.

La energía nuclear tiene sus inconvenientes, pero a lo largo de los años tales inconvenientes se han aminorado: ahora es posible transmutar los residuos nucleares en reactores diseñados para este fin, se investigan nuevas tecnologías que podrían generar electricidad a partir del torio más que del uranio 235 y el torio podría ser activado con el uso de aceleradores de protones en un proceso que no genera residuos, no produce plutonio ni representa un riesgo de accidentes.

La energía nuclear está asociada al desarrollo de tecnología que está en los hospitales y que produce nuevos resultados de investigación científica. Todas las fuentes de energía traen consigo riesgos, pero también beneficios. De lo que se trata es de elegir, con base en hechos reales, qué es lo mejor. En ese sentido creo que, en la plataforma de un análisis detallado, la energía nuclear no quedará tan mal parada.

HISTORIAS DEL ORIGEN DEL UNIVERSO

LA MATERIA EN CONDICIONES EXTREMAS

En el principio era la nada. Una nada absoluta que escapa a la percepción sensorial y a todo esfuerzo humano por aprehenderla mediante el pensamiento. Podemos imaginar, en un intento por formarnos una idea de la nada, que viajamos velozmente por el universo a través de las gigantescas y gélidas regiones del espacio sideral. Pero alejarnos a esos territorios ignotos tampoco ayuda, pues aún ahí se encuentran átomos dispersos y una pálida luz que todo lo colma. Más aún, esas regiones casi vacías son parte de la estructura invisible del cosmos, que está formado de espacio y tiempo, porque eso que habitamos como lugar y percibimos como tiempo conforma todo el universo, pero en la nada que era el principio no había espacio ni tiempo.

No sabemos por qué, pero repentinamente, y desde la nada, apareció el universo en que vivimos. Hoy tenemos razones para pensar que el universo fue creado en un gran estallido: el *big bang*. En esa explosión se creó el espacio y el reloj del universo comenzó a funcionar como el inaudible ir y venir del péndulo. Unos instantes después de que la violenta explosión diera origen al espacio y al tiempo, la densidad y la temperatura de la materia recién creada eran altísimas. ¿De qué estaba formada esa materia tan densa y caliente?

Hasta donde sabemos, los quarks y los leptones son los más pequeños componentes de lo que está hecha toda la materia. Dichos elementos conforman las partículas de protones y neutrones, que a su vez constituyen a los átomos; sin embargo, nadie ha logrado nunca aislar un quark. Se cree que están tan fuertemente ligados que es imposible su liberación. Unos instantes después de la gran explosión, cuando la temperatura y la concentración de energía eran inmensas, los quarks deben de haber existido libremente en forma de plasma. En muy poco tiempo los quarks se confinaron en las partículas que hoy conocemos en el universo ya frío, de la misma forma que el vapor se condensa en pequeñas gotas de agua.

No obstante, con la actual descripción de las fuerzas que enlazan a los quarks se piensa que si se pudiera lograr una densidad de materia y una temperatura tan altas como las que existieron un instante después del gran estallido, las partículas compuestas por estos quarks, como los protones y los neutrones, se fundirían dejando que sus propios quarks y las partículas que los enlazan —llamados gluones— se liberaran. Una vez libres, los quarks y los gluones formarán un nuevo estado de la materia, al que se ha denominado plasma de quarks y gluones. En este estado, los quarks se podrían mover libremente a grandes distancias. Sin embargo, mientras nadie observe quarks libres, esta fascinante historia permanecerá solo como una teoría que espera ser comprobada.

Para entender mejor el origen del universo, los científicos no usan telescopios, sino aceleradores de partículas. Con ellos es posible recrear las condiciones extremas que imperaban en el universo temprano. Al hacer chocar iones pesados a muy altas energías se pueden recrear estas condiciones. En el CERN, en Ginebra, se ha construido una máquina que, por medio de campos electromagnéticos, acelera iones hasta velocidades cercanas a la de la luz. El Gran Colisionador de Hadrones logra transmitir a los protones y a los iones la energía más alta jamás lograda. Con el choque de los iones pesados se producen densidades de energía extremas que producen una bola de fuego muy parecida al universo temprano. De manera controlada, el experimento ALICE (por sus siglas en inglés: A Large Ion Collider Experiment) estudia con detalle los fenómenos que ocurren cuando miles de choques entre iones reproducen los primeros momentos del universo. Entre más pesado sea un ión, más grande será el volumen en el cual su energía será liberada al momento de la colisión. Es por esto que se usa el plomo, para el cual el número de neutrones y protones es de 208. Al hacerlos chocar, se concentran grandes cantidades de energía en una pequeña región del espacio: los quarks pueden entonces formar una burbuja como si se tratara de gas caliente sujeto a una enorme presión: la burbuja crece rápidamente, al mismo tiempo que se enfría, y los quarks se condensan en paquetes de dos (mesones) y tres (bariones), que a su vez se desintegran dando origen a las partículas que forman nuestro entorno. Las partículas que se producen con el choque vuelan en todas direcciones y son detectadas en algún componente de los complejos aparatos que los físicos han colocado con ese fin. Con la ayuda de modelos teóricos, se ha previsto que la temperatura a la que tal fenómeno tiene lugar sea del orden de 100 000 veces la temperatura que existe en el centro del Sol, es decir, unos dos billones de grados.

Es interesante conocer con precisión el valor exacto de esta temperatura crítica y la densidad de energía necesaria para la formación de este nuevo estado de la materia. Se piensa que la densidad de energía crítica es de un giga-electronvoltio por femto metro cúbico (un femto metro es

0.0000000000001 cm), equivalente a siete veces la densidad de energía de materia nuclear ordinaria. Los físicos quieren saber si esto realmente ocurre. Las condiciones de densidad que se logran en el experimento son treinta veces mayores que esta. El problema es que solo se pueden ver las partículas que escapan de la bola de fuego y llegan hasta los detectores, y a partir de estas señales se debe reconstruir lo que pasó previamente con el fin de saber si los quarks y los gluones fueron producidos en un estado suficientemente denso como para formar un plasma de quarks y gluones. Los experimentos como ALICE fueron diseñados para medir señales que pudieran indicar si se formó plasma y cómo ocurrió.

El proyecto ALICE

En un punto del enorme anillo de 30 km de perímetro que es el Gran Colisionador de Hadrones, se hacen chocar los iones de plomo. En ese punto se ha colocado un gran detector que ve con una precisión sin precedentes lo que ocurre cuando chocan los haces: tiene 20 m de altura y está formado por varios dispositivos construidos con alta tecnología. En el centro de estos detectores también se hacen chocar protones. Entender qué ocurre en cada una de estas reacciones es el objetivo de ALICE. México es parte de la colaboración internacional que construyó el detector: en nuestro país se construyeron dos de los 16 dispositivos que forman parte del mismo. Para hacerlo, varias instituciones se unieron formando un grupo que ha incidido de manera importante en la colaboración ALICE.

La organización interinstitucional que hace posible una fuerte participación mexicana en el proyecto no tiene precedentes en la física de altas energías en México. Nuestro grupo trabajó en el diseño y construcción del detector VOA desde

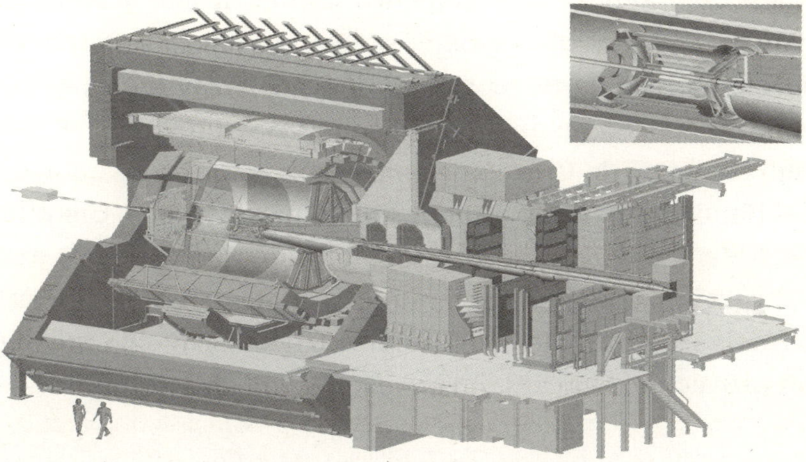

Figura 25. Corte longitudinal del detector ALICE que deja ver su interior. Los haces de protones o iones colisionan en el centro de la estructura. Los dispositivos que forman capas alrededor del punto de la interacción miden las diferentes características de la radiación que se produce en el choque de las partículas. El detector tiene una altura de 20 m y está formado por 16 sistemas de detección construidos con la más alta tecnología. © CERN

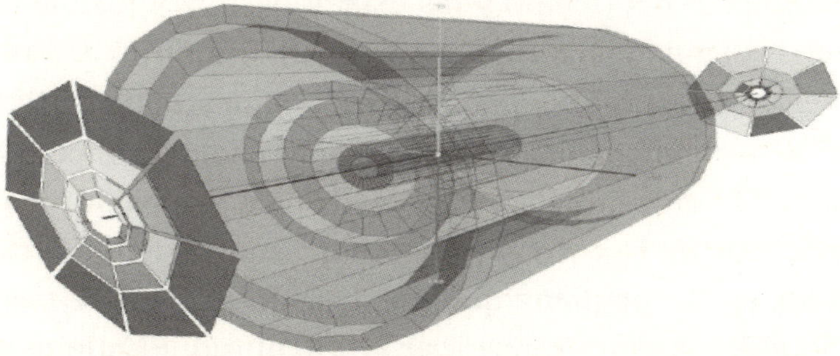

Figura 26. Detectores de ALICE más cercanos al punto de interacción. Los cilindros representan a los detectores de silicio que miden las trazas que describen las partículas que se producen en el choque de los protones o iones pesados. Los discos al frente y atrás son el sistema VO formado por VOA y VOC. Los niveles de gris en cada celda representan la deposición de carga por la radiación que llega hasta ahí. © CERN

finales del año 2000 y comenzó con el diseño y construcción del detector de rayos cósmicos un año más tarde. Los recursos financieros recibidos por estos grupos para llevar a cabo su trabajo de diseño y construcción proviene del Consejo Nacional de Ciencia y Tecnología, a través de un apoyo del Banco Mundial, que se conoció como Iniciativa Científica del Milenio. Este apoyo hizo posible que, por primera vez en la historia de la física en nuestro país, un grupo de mexicanos participara activamente en la construcción de una parte de un proyecto de tan alto nivel.

Sabia virtud de conocer el tiempo...

La predicción del tiempo permitió al pueblo egipcio desarrollar la agricultura a la orilla del río más largo de la Tierra: el Nilo, que al norte de lo que hoy es Sudán comienza a crecer en mayo, alcanza su máximo tamaño en agosto y decrece después para mantener su bajo nivel de enero a abril. Este conocimiento del tiempo y las estaciones hizo posible el nacimiento de una civilización poderosa y convirtió a la región en la más rica del mundo por miles de años, dando origen al imperio más longevo en la historia de la humanidad. En aquel entonces, la medición del tiempo se determinaba por la posición del Sol; no se computaban los minutos, pues la duración de estos es tan pequeña que no había necesidad de medirla. Así, la vida parecía transcurrir con lentitud. El minutero de los relojes tradicionales apareció en 1670 y no fue sino hasta comienzos del siglo XIX cuando se incorporó el segundero.

Desde la época de esplendor del imperio egipcio hasta nuestros días, la complejidad de las civilizaciones se ha incrementado a medida que han logrado un mayor conocimiento del tiempo. Es incluso tentadora la idea de que, en mayor o

Figura 27. La colisión de iones de plomo en el centro del detector alice. Las líneas curvas en un tono gris representan diferentes partículas producidas en la interacción. Estas líneas aparecen curveadas cuando se trata de partículas cargadas que se mueven en el campo magnético. © CERN

menor grado, el desarrollo de las sociedades ha dependido siempre de la precisión con que estas han llegado a conocerlo. En nuestros días todavía existen comunidades que se rigen por la posición del Sol, pero las sociedades dominantes son las que poseen un mayor conocimiento del tiempo.

En la actualidad, la mayoría de las actividades de la vida cotidiana se rige por minutos —por ejemplo las salidas de los transportes—, pero también por segundos, como en los anuncios comerciales de la radio y la televisión, que se manejan en tarifas por segundo. Otro ejemplo son las competencias deportivas, en las que los segundos son decisivos para ganar o perder; y casi siempre programamos y operamos el horno de microondas por segundos. Sin embargo, no es el minuto, y ni siquiera el segundo, la escala de tiempo que rige nuestra vida diaria. Existe una mucho menor de la que surge la tecnología que hace posible la modernidad.

Un grupo de científicos mexicanos del Centro de Investigación y Estudios Avanzados y de los institutos de Física y de Ciencias Nucleares de la Universidad Nacional Autónoma de México construyeron el detector más rápido de ALICE. Para lograrlo fue necesario conocer el tiempo a profundidad.

Para nuestra concepción cotidiana de intervalos de tiempo, una milésima de segundo es equivalente a un instante sin duración temporal. Imaginarse lo que significan 800 millones de colisiones por segundo es imposible para nuestra percepción cotidiana. Intervalos tan cortos no empezaron a medirse sino hasta hace relativamente poco tiempo.

¿Qué puede ocurrir en una milésima de segundo? En este lapso el sonido recorre 33 cm, un avión cerca de medio metro y la Tierra recorre 300 m en su órbita alrededor del Sol. Para algunos insectos, una milésima de segundo es un tiempo perfectamente apreciable: un mosquito bate sus alas aproximadamente 50 veces por segundo. El movimiento más rápido que los seres humanos pueden llevar a cabo es un parpadeo: se realiza con tanta rapidez que ni siquiera lo podemos percibir a simple vista. Sin embargo, medido en milésimas de segundo, este movimiento es tan lento que, según los datos aportados por mediciones precisas, un abrir y cerrar de ojos dura aproximadamente 2/5 de segundo, es decir, 400 milésimas de segundo. El cerrar el ojo en un parpadeo se lleva ya entre 70 y 90 milésimas de segundo. En un parpadeo el ojo dura cerrado aproximadamente 150 milésimas más, y la elevación del párpado requiere cerca de 170 milésimas de segundo. Como se puede apreciar, «un abrir y cerrar de ojos» es extremadamente lento si consideramos que los ojos electrónicos que se usan en el experimento del GCH captan algo que ocurre 800 millones de veces en un segundo.

En el corazón del detector ALICE se colocó un anillo de plásticos centelladores que actúa como un ojo capaz de discernir en 25 ns —es decir, en 25 000 millonésimas de segundo— si lo que ocurrió durante el choque de las partículas subatómicas es suficientemente interesante. A una velocidad extraordinaria, un millón de veces menor a una milésima de segundo, comunica a todas las demás componentes del detector si pueden proceder a registrar tal interacción. Este dispositivo fue construido por científicos mexicanos en sus laboratorios, al mismo tiempo que se desarrolló la infraestructura material y humana necesaria para realizar proyectos de muy alto nivel en nuestro país. Cuando en 2006 estuvo listo, el detector VOA fue llevado al CERN para formar parte del arreglo de detectores que nos ayuda ahora a entender mejor el origen del universo.

El detector VOA es considerado un dispositivo básico en el experimento, lo que significa que el subsistema es parte imprescindible de ALICE. Tiene varias funciones, al trabajar en coordinación con el VOC, que se encuentra en el lado opuesto. Por ejemplo, determina muy rápidamente si las interacciones que ocurren cada 25 ns acontecen en el lugar adecuado. En ocasiones las partículas del haz chocan con algún átomo que se encuentra por ahí. Muy frecuentemente estas interacciones ocurren fuera de la región esperada, por lo que medir el vértice de la interacción es una excelente forma de librarse de muchos fenómenos indeseados que se conocen como ruido. Otra de las funciones del detector es determinar si el choque de los iones fue un choque central o si pasaron ligeramente de lado, dando origen a un choque periférico. Para determinar esto, el VOA mide rápidamente cuántas partículas se producen en cada uno de los choques.

La luminosidad es una de las cantidades cruciales en la medición de parámetros físicos que se realiza en los experimentos con aceleradores. En el experimento ALICE, la medición de la luminosidad está a cargo de los detectores VOA y VOC. La luminosidad es la cantidad que relaciona la frecuencia a la que ocurre un proceso determinado con la probabilidad de que este proceso tenga lugar. El VOA es un detector muy veloz y con una gran eficiencia, por lo que resulta natural que sea el dispositivo indicado para medir la luminosidad.

El detector de rayos cósmicos

Como todos nosotros, el detector ALICE está expuesto a los rayos que desde los confines del universo llegan a nuestro planeta y que se conocen desde principios del siglo XX como radiación cósmica. El detector se encuentra a 50 m de profundidad. La capa de tierra y piedra que lo cubre sirve como filtro para las partículas de energías más bajas que se producen en la atmósfera cuando un rayo cósmico llega a la Tierra. Esto significa que solo las partículas producidas por rayos cósmicos con energías muy altas logran llegar hasta el detector.

El detector ACORDE (por sus siglas en inglés: A Cosmic Ray Detector), como parte de ALICE, proporciona una señal de disparo que permite discriminar los eventos del acelerador de aquellos que provienen del espacio. Sin embargo, en combinación con otros dispositivos de ALICE, estudia también la radiación generada por rayos cósmicos con enormes energías. El detector ACORDE fue diseñado por un grupo de investigadores del Centro de Investigación y de Estudios Avanzados, del Instituto de Ciencias Nucleares de la UNAM y de la Benemérita Universidad Autónoma de Puebla.

Es muy importante conocer la cantidad y la energía de los rayos cósmicos que llegan desde el espacio hasta la superficie de la Tierra. También es necesario saber qué son estos rayos cósmicos y cómo y dónde son acelerados hasta adquirir la energía que traen consigo. Durante los experimentos realizados en el CERN en los años noventa se recolectaron datos sobre rayos cósmicos: se encontraron eventos con muy alta multiplicidad, es decir, con un número de partículas muy alto. De estos eventos, cinco contienen «manojos» de muones con muy alta densidad. En ellos aparecen aproximadamente 150 muones en un área de 8 m^2. Estos fenómenos son un misterio y solo podrán ser comprendidos cuando se tengan mejores medidas y una estadística mayor. Con la Cámara de Proyección Temporal (TPC, por sus siglas en inglés: Time Projection Chamber), en trabajo conjunto con el detector ACORDE, es posible medir con precisión las trayectorias presentes en los eventos de rayos cósmicos con características especiales como los misteriosos que hemos mencionado.

Arriba, el detector VOA en posición final de operación; abajo, el detector de rayos cósmicos ACORDE cubriendo la parte superior del magneto de ALICE. Ambos fueron diseñados y construidos en México con la participación de investigadores de varias instituciones académicas. © CERN

LA PRIMERA LUZ

La mañana del martes 28 de enero de 1986 era tan fría que alrededor de la plataforma de lanzamiento se habían formado placas de hielo: 2 °C es muy frío para Florida aun en enero. La tripulación del transbordador *Challenger* desayunó y poco después fue convocada para el décimo lanzamiento de la nave. A las 11:29 de esa misma mañana inició la cuenta regresiva para el despegue; a las 11:38 la nave espacial despegó y solo 73 segundos más tarde se desplomaba en pedazos, dejando en el cielo una espesa estela de vapor. Tanto la cabina como sus siete tripulantes se desintegraron al estrellarse contra el océano.

La tragedia del *Challenger* provocó que la NASA suspendiera por varios años sus vuelos espaciales y que se cancelaran con ello muchas de las misiones planeadas con anterioridad. Para John Mather, quien coordinaba los trabajos de construcción del satélite COBE desde 1974, este desventurado suceso marcó el inicio de una penosa y larga negociación para salvar el trabajo de más de mil personas que habían puesto sus esperanzas en la construcción de dicho satélite. El Cosmic Background Explorer (COBE) debía ser lanzado al espacio por el transbordador *Challenger* en 1988, pero la tragedia acabó con los planes de que tan sofisticado aparato fuera puesto en órbita. En aquel entonces, John Mather, líder del proyecto, tenía 40 años de edad y había comenzado con el diseño y la construcción del COBE diez años antes, cuando iniciaba apenas su carrera científica. Mucho antes de aquella fría y trágica mañana, en 1974 la NASA invitó a astrofísicos y cosmólogos a enviar propuestas de experimentos que pudieran ser realizados en el espacio exterior. John Mather, quien había obtenido su doctorado ese mismo año en la Universidad de California, en Berkeley, fue contratado por la NASA para buscar la forma de medir la radiación cósmica de fondo. La idea de medirla había sido propuesta años atrás por George Smoot, quien habría de acompañarlo después en un proyecto por muchos años.

John Mather hubiera querido ser un físico de partículas elementales, pero la vida lo llevó a cursar un programa de posdoctorado en el Goddard Institute for Space Studies de la NASA, en Nueva York. Pronto, un destacado equipo de científicos conformado por ingenieros y especialistas del más alto nivel, se fue formando a su alrededor. Hay proyectos científicos tan ambiciosos, como el de Mather y Smoot, que demandan la participación de mucha gente y de grandes inversiones, pero exigen también una buena parte de la vida de personas que, lejos del bullicio, en el silencio de sus oficinas, laboratorios y talleres, consiguen grandes hazañas; son individuos que no tienen interés en mostrarse públicamente, sino en encontrar respuestas o soluciones a problemas científicos.

George Smoot había terminado su doctorado en Física de Partículas Elementales en 1970 en el prestigioso Massachussets Institute of Technology. Al concluir su doctorado fue al Lawrence Berkeley National Laboratory a trabajar con Luis Walter Álvarez en un proyecto que pretendía medir, con la ayuda de globos estratosféricos, la presencia de antimateria en la alta atmósfera —el modelo de estado continuo del universo predecía la existencia de antimateria en el espacio exterior.

Smoot, con la ayuda de Luis Álvarez y Richard Muller, desarrolló un radiómetro diferencial capaz de medir la diferencia de temperatura entre dos puntos en la radiación cósmica de fondo. En contradicción con lo esperado, las observaciones desde la Tierra daban una distribución uniforme. Fue entonces cuando Smoot propuso a la NASA realizar el experimento desde un satélite.

Por esta razón, cuando el enorme grupo de científicos e ingenieros recibió la inesperada noticia de la cancelación de la misión, John Mather inició las gestiones para poner en órbita a COBE con un cohete de lanzamiento francés, lo que provocó la indignación de mucha gente que se negaba a aceptar la culminación de un proyecto norteamericano con ayuda externa. La NASA entonces aceptó poner el satélite en un pequeño cohete Delta y enviarlo al espacio. El diseño general del satélite, sin embargo, tuvo que ser reconsiderado merced al nuevo escenario y las condiciones de lanzamiento: el tamaño y el peso de COBE debió reducirse y el equipo trabajó rápidamente, ya que disponía solo de tres años para su realización. Así, el 18 de noviembre de 1989, el aparato de 160 millones de dólares fue lanzado de la Base Vanderberg de la Fuerza Área en California.

La radiación de fondo había sido observada por primera vez en 1964. Por tal descubrimiento, los científicos Arno Penzias y Roberto Wilson recibieron el premio Nobel en 1978. Esta radiación de fondo es como el ruido que produce nuestro televisor cuando la transmisión ha terminado, pero es también la primera evidencia de que nuestro universo tiene un comienzo.

Dos teorías cosmológicas han competido por muchos años para explicar el origen de nuestro universo. Una establece que siempre ha existido en un estado estable; la otra, por su parte, defiende la idea de una gran explosión que dio origen al espacio, el tiempo y todo lo que observamos. Esta última predice la existencia de una radiación de microondas de fondo, de manera que su descubrimiento en 1964 fue el primer gran hallazgo a favor de esta teoría.

De acuerdo con el modelo de la gran explosión, el universo surgió hace 13 800 millones de años y se expandió velozmente desde un punto denso y de altísima temperatura. Cuando el universo tenía apenas 300 000 años se formaron los átomos, pues se había enfriado lo suficiente para que los núcleos pudieran atrapar electrones, formando los primeros átomos de hidrógeno y helio. Esto permitió el paso libre de la luz y el universo se tornó transparente. Este, en expansión desde entonces, tenía en aquel momento una temperatura de 3000 °C; sin embargo, con el transcurso del tiempo, esa radiación original ha venido decreciendo. De acuerdo con las mediciones, hoy tiene solo 2.7 °C por encima del cero absoluto, es decir, −270.45 °C. Parafraseando a Ciro Alegría, diríamos que el universo es ancho y ajeno, pero también que es muy frío.[1]

Después de la observación de la radiación de microondas era necesario establecer claramente su naturaleza. Es decir, el espectro de la radiación debía ser medido con precisión para saber si la distribución pertenecía realmente al que emite

[1] En termodinámica, por ejemplo, los refrigeradores enfrían porque tienen adentro un líquido (gas freón) al que se hace expandir: cuando esto ocurre, el líquido disminuye su temperatura y enfría el refrigerador. Si tienes un recipiente con un gas y de pronto lo dilatas, la temperatura del gas descenderá. Esto debió de haber ocurrido con el universo, de suerte que lo que estaba a 3000 °C, al expandirse, ha quedado a 2.7 °C.

un cuerpo negro.[2] Cuando un cuerpo negro se calienta emite radiación y el espectro de esta se conoce como radiación de cuerpo negro. El gráfico de tal espectro es de particular interés para los físicos y su forma solo depende de la temperatura a la que se encuentre el objeto negro. Para ejemplificar este fenómeno pongamos como analogía un comal negro: al calentarse, este emitirá ondas de calor aun después de quitarlo del fuego. Con aparatos adecuados, uno puede medir esta radiación y encontrarse con una buena cantidad de diferentes longitudes de onda en la emisión del comal.

Los cosmólogos tienen razones para pensar que el universo temprano radiaba como un cuerpo negro. El espectro de la radiación de fondo, que es reminiscencia del universo temprano, debe tener entonces la forma del espectro que emite un cuerpo negro a la temperatura correspondiente. Los primeros datos del COBE, tomados en solo nueve minutos, mostraban ya el espectro de un cuerpo negro perfecto.[3] Dos meses más tarde, en enero de 1990, se mostraron los primeros resultados en una conferencia y la gente se puso de pie para rendir una ovación a la presentación.

Pero esto fue solo una parte de los resultados del COBE. La parte del experimento de la que George Smoot era responsable debía medir pequeñas variaciones del fondo de microondas en diferentes direcciones; estas variaciones minúsculas en la temperatura del fondo de microondas podrían

[2] Por espectro de radiación nos referimos a la cantidad de «colores» o longitudes de onda presentes en la misma. Uno puede hacer un gráfico indicando qué tanto de cada longitud de onda o color, en el caso de luz visible, se encuentra presente en la señal que se mide.

[3] Se entiende por cuerpo negro perfecto aquel que radia como el ideal abstracto que los físicos pueden poner en una ecuación. En realidad, los cuerpos negros no son exactamente perfectos: eventualmente se ven pequeñas desviaciones respecto a lo que describen las ecuaciones; así, cuando decimos «perfecto» nos referimos al que reproduce la curva que dan las ecuaciones.

ofrecer claves de cómo las galaxias y las estrellas se formaron y por qué la materia se concentró en algunos lugares y no se distribuyó de manera uniforme. Las pequeñas variaciones de temperatura mostrarían también cómo la materia se agregó desde un principio. Una vez iniciado este proceso, la fuerza de gravedad se encargaría del resto, es decir, de dar la forma que hoy tiene el universo.

La manera de explicar el proceso por el cual se fue agregando materia en una etapa muy temprana del universo se relaciona con los efectos de la mecánica cuántica que debieron producir fluctuaciones al momento de la expansión. Este es, sin embargo, uno de los aspectos de la física que no se entiende fácilmente sin el uso de la matemática. En todo caso, pensamos que las diferencias en la temperatura que observamos y que han sido medidas son el resultado de fluctuaciones cuánticas. También creemos que es gracias a estas fluctuaciones que se pudieron desarrollar galaxias y planetas, y que sin estas la materia se habría distribuido de manera uniforme en un universo sin vida.

En abril de 1992, cuando los resultados finalmente fueron publicados, Stephen Hawking declaró en una entrevista para la revista *The Times* que los resultados del COBE eran «el más grande descubrimiento del siglo, si no es que de todos los tiempos».

Han pasado algunos años hasta hoy y nuevas mediciones con mayor precisión que confirman las del COBE han sido realizadas. El Wilkinson Microwave Anisotropy Probe —proyecto que lleva el nombre de David Wilkinson, quien fue por mucho tiempo inspiración, entre otros, del proyecto COBE— ha medido la radiación de fondo con mucha mayor precisión que su antecesor. Los resultados de estos proyectos han convertido a la cosmología en una ciencia que trasciende las especulaciones filosóficas a las que estuvo sujeta por mucho tiempo.

Una buena parte de lo que ocurrirá después en la cosmología moderna deberá surgir de los experimentos de partículas elementales que, paradójicamente, investigan el mundo microscópico. Hoy en día, en el proyecto del Gran Colisionador de Hadrones, se buscan explicaciones para la naturaleza de la materia oscura, que es aún uno de los misterios por resolver.

EL ORIGEN DEL UNIVERSO Y LA NADA

Unos instantes después de la gran explosión o *big bang*, la densidad y la temperatura de la materia, que se encontraba en condiciones extremas, eran gigantescas. Cuando el universo cumplió un segundo de edad, toda la antimateria había desaparecido y solo quedaba materia en el universo recién nacido. La temperatura había descendido a 10 000 millones de grados centígrados, y los quarks comenzaron a agruparse para formar los protones y neutrones que conforman hoy los núcleos de los átomos. Lo demás es historia.

Sin embargo, para muchos la clave para entender el origen del universo no está en su historia sino en la respuesta a la pregunta: ¿de dónde surge el universo? La pregunta no es nueva, por lo que las respuestas se han venido apilando a lo largo de los siglos. Ahora, después de numerosas discusiones, hemos llegado a la muy reciente y científica respuesta: «todo viene de la nada». Una afirmación como esta puede ocasionar malestar en mucha gente porque a primera vista la idea no solo parece absurda, sino además provocadora, si consideramos que el asunto de la creación del universo concierne también a creencias religiosas.[1]

A pesar de lo absurdo que esto pueda parecer, cuando uno lo piensa con más detenimiento se da cuenta de que no existe nada más distintivo y profundo que la interconexión entre el todo y la nada. En efecto, la física moderna sugiere que es posible que el universo haya surgido del vacío. Descartes pensaba que el vacío es imposible, pues consideraba que dos cosas no pueden estar separadas por una distancia y al mismo tiempo no tener nada entre ellas. Si no hubiese nada entre dos objetos estos estarían en contacto; si existe una distancia entre ellos, esta extensión debe ser la propiedad de algo.

Estamos rodeados de materia y, curiosamente, hemos concluido que en realidad la materia es una excepción en el universo. La mayor parte del espacio entre las estrellas está casi vacío, y aun la materia sólida que conocemos es casi por completo un oscuro espacio con toda la masa concentrada en un pequeño núcleo atómico. Uno bien podría decir que casi todo es la nada.

Sin embargo, la vieja idea del vacío como espacio libre de materia ha cambiado. A mediados del siglo pasado, con el desarrollo de la mecánica cuántica relativista, los físicos desarrollaron un nuevo concepto del vacío según el cual este no es más un desocupado espacio libre de todo. Por el contrario, el vacío está colmado de sucesos. El vacío, como lo en-

[1] De hecho, la idea del *big bang* proviene del sacerdote belga G. Lemaitre. Inicialmente fue muy criticada por los físicos, ya que se acercaba a las ideas religiosas. La teoría del *big bang* ha sido aceptada por la Iglesia católica desde que Pío XII lo declaró en 1951 en la apertura de la Academia Pontificia de Ciencias. Aun así, la concepción del origen del universo de solo la nada no es igual que la del origen divino, por tal razón tratamos de explicar aquí que la nada está llena de actividad y que para algunos científicos no es necesario acudir a Dios para explicar el surgimiento del universo.

tendemos, consiste en partículas y antipartículas que surgen repentinamente para desaparecer casi de inmediato.

El espacio se ve vacío solo porque el constante nacimiento y la repentina muerte de partículas ocurre en tiempos tan cortos y en distancias tan pequeñas que, desde lejos, la oscuridad parece tranquila como la superficie de un lago cuando lo vemos desde una montaña. Bastaría acercarse al agua para advertir las fluctuaciones, las ondas y el constante movimiento que se revela en alguna hoja de árbol que flota. El vacío fluctúa constantemente entre el ser y la nada.

Las partículas que se crean desde la nada tienen una realidad virtual, pero podrían adquirir existencia propia con tan solo tener la energía suficiente. Este proceso de creación de partículas reales a partir de su virtualidad ha sido observado en el laboratorio. No es una elucubración banal sino un hecho experimental.

Cuanto más pequeña es la masa de las partículas que se crean y se destruyen en el vacío, más fácil será extraerlas de su virtualidad y llevarlas a nuestro mundo de partículas reales. Los objetos de menor masa son los electrones y sus antipartículas los positrones, pero existen en la oscura nimiedad toda clase de partículas, incluyendo aquellas que aún no hemos descubierto. Toda la materia que podemos aspirar a conocer algún día aguarda en el vacío a ser descubierta. Todo lo que hemos visto o veremos está ahí: en la profusa vacuidad llena de acontecimientos. Esta concepción de la nada es producto de los desarrollos teóricos de la física del siglo XX y ha sido confirmada de manera contundente por experimentos de extremado refinamiento.

La mayor parte del espacio que rodea al núcleo atómico está vacío, y fue ahí donde se encontraron sus efectos. El resultado de la constante creación y aniquilación de electrones ocasiona un ligero corrimiento de los electrones que orbitan en el átomo. Este hecho cambia de manera infinitesimal la órbita del electrón en un átomo de hidrógeno, y el pequeño efecto fue observado con enorme precisión por el físico experimental Willis Lamb, que en 1955 recibió el premio Nobel por tan importante descubrimiento.

La pequeña desviación medida en el laboratorio está en perfecto acuerdo con los cálculos teóricos y fue la primera huella visible de la nada en un mundo lleno de materia. Ahora —con esta idea moderna del vacío— especulamos sobre el origen del universo. Quizá el universo mismo apareció de la nada en una gigantesca fluctuación que hoy conocemos como la gran explosión. Las leyes de la física parecen no tener problemas con esta idea; más aún, existen indicaciones de que este es el caso.

En este momento, el experimento ALICE, del Gran Colisionador de Hadrones, estudia la colisión de iones de plomo a muy alta energía. Los iones de plomo se convierten en energía pura, dando origen a una microscópica bola de fuego con las características del universo en su infancia.

El detector ALICE estudia con todo detalle los fenómenos que reproducen los primeros momentos del universo. El medir cómo era el universo cuando apenas habían transcurrido fracciones de segundo desde su advenimiento nos pone más cerca de la resolución del enigma.

Curiosamente, el más racional de los teólogos, Tomás de Aquino, canonizado por el Papa Juan XXII en 1323, pensaba que el mundo fue *creatio ex nihilo*, es decir, creado de la nada. Quizá el hecho de que un santo haya propuesto una idea así mucho antes de que lo hiciese la física moderna puede ayudar a flexibilizar nuestras posiciones y moderar nuestro ánimo.

El autor conversando con Willis Eugene Lamb, quien obtuvo el premio Nobel en 1955 por su descubrimiento de la estructura fina del espectro del hidrógeno. La foto fue tomada en Lindau (Alemania) en 1988.

LÍMITES DE LA CIENCIA

CONTAMINACIÓN RADIACTIVA

Hace un millón de años el hombre primitivo consumía solo 1500 kcal al día. Hace 100 000 años aprendió cómo hacer fuego para preparar los alimentos y calentarse y, de esa manera, sus necesidades de energía se cuadruplicaron. Durante la Edad Media usaba bestias de tiro para la agricultura, molinos de viento, ruedas hidráulicas y un poco de carbón. En aquella época el hombre consumía 30 000 kcal diarias, es decir, 20 veces más que el consumo de energía de los primeros hombres.

En la actualidad, el hombre tecnológico consume a diario 160 veces más energía que el hombre primitivo; y por si esto fuera poco, considérese que la población del mundo llega ya casi a los 8000 millones de personas. Además, una tercera parte de esta enorme cantidad energética se consume en forma de electricidad.

Con todo lo que implica, este incremento del consumo de energía es la base de nuestro bienestar. Pongamos como ejemplo la siguiente comparación: los primeros seres humanos vivían aproximadamente veinte años, de los cuales, al contar con abundantes recursos, podían dedicar tres a actividades de recreo u ocio. En la actualidad, el hombre tecnológico vive más de 80 años y la mitad de su vida puede dedicarla a la instrucción, diversión y otras actividades recreativas.

La energía necesaria para que esto sea posible debe ser generada de alguna forma. El petróleo y el gas han sido las principales fuentes en los años más recientes, pero sabemos que estos se agotarán algún día; así, en años recientes se ha encontrado otra manera de generar electricidad mediante la llamada energía atómica, aunque su producción ha provocado intensas y apasionadas discusiones. Y no es para menos, pues un kilogramo de uranio equivale, en términos de generación de energía, a 750 t de carbón que, al generar electricidad, arrojan más de 2000 t de bióxido de carbono a la atmósfera.

Hoy el tema de la energía nuclear está nuevamente en la mesa de debate. Si bien es cierto que lo nuclear ha llamado la atención de la gente, desafortunadamente cuando esto ocurre es por motivos militares: Hiroshima y Nagasaki en 1945; la crisis de los misiles en Cuba en 1962; los constantes ensayos nucleares de Estados Unidos, Rusia, Francia, Inglaterra y China entre 1950 y 1990; así como el accidente de Chernobil en 1986 y, recientemente, la explosión del reactor de Fukushima, que provocaron espectaculares notas en los diferentes medios de comunicación.

En México ocurrió un accidente con varillas radiactivas en 1985. Este es, quizá, uno de los accidentes en el que más personas han sido expuestas a la radiación en el mundo. Triste historia que olvidamos con rapidez, pero que está presente en la conciencia de aquellos que reflexionan acerca de la irresponsabilidad a la que puede llegar un país que no está preparado para manejar la tecnología del mundo moderno.

La bomba atómica más potente que el hombre ha detonado, la llamada «bomba del Zar», se fabricó en la Unión Soviética y era equivalente a 70 millones de toneladas de dinamita. Esta prueba fue 4000 veces más potente que la que destruyó Hiroshima. Desgraciadamente para nuestro planeta, esta no es la única prueba nuclear realizada. Estados Unidos, Francia, Inglaterra, China y Rusia han realizado más de quinientas pruebas de este tipo, contaminando nuestra atmósfera con radiactividad.

Si bien el Tratado de Prohibición Parcial de Ensayos Nucleares (TPPEN) de 1963 debía poner alto a las pruebas atómicas, la verdad es que Francia continuó con ellas hasta 1974 y China hasta 1980. Asimismo, las pruebas subterráneas de Estados Unidos, Francia, Rusia, Inglaterra y China continuaron hasta entrados los noventa, y ahora la India y Pakistán realizan ensayos con todo el derecho que les da no haber firmado el pacto de 1963. De cualquier manera, la firma de este tipo de tratados no se ha tomado con seriedad.

El 26 de abril de 1986, el reactor número 4 de Chernobil explotó. El techo desgarrado de la central nuclear vio salir una inmensa bola de fuego a 1700 °C: 180 toneladas de óxido de uranio y 1700 de grafito estaban encerradas en el reactor, que carecía de una envoltura de concreto. Se hallaba en un edificio con piso de asfalto y paredes revestidas de plástico, materiales perfectos para la expansión del fuego provocado por la explosión. El grafito se inflamó al contacto con el aire y los gases calientes proyectaron en la atmósfera una letal mezcla de materiales radiactivos.

Los reactores de Chernobil eran tipo RBMK (Reactor Bolshoy Moshchnosty Kanalny), cuya función principal era la de producir plutonio y, como subproducto, generar energía eléctrica. Sabemos que el interés por el plutonio es de carácter militar, pues se utiliza en la fabricación de bombas atómicas. El diseño de estos reactores fue respaldado por los militares dada su capacidad de producir plutonio de manera rápida, abundante y económica. Por este motivo, y desde una cierta perspectiva, el accidente de Chernobil debería entrar en la lista de las fuentes de contaminación radiactiva de origen militar. Pero aun si adoptamos una perspectiva menos complaciente ante los defensores de la energía nuclear y ponemos a Chernobil en su lista y no en la de los militares, nos daremos cuenta de que el accidente aportó solo un 0.1 % del yodo 131 y solo el 8 % del cesio 137 de los contaminantes arrojados por los ensayos nucleares. La contaminación causada por Chernobil representa únicamente el 3 % de la causada por los ensayos. De cualquier modo deberíamos preguntarnos si debemos aceptar estos proyectos nucleares.

Las revisiones del accidente de Chernobil muestran también graves errores no solo en el reactor sino en las medidas adoptadas, al tiempo que evidencian una muy lamentable influencia militar que debe ser duramente criticada. La seguridad de todos es un asunto de todos y está en función de la apertura y transparencia de los procedimientos usados en tales proyectos.

El acceso a la información a la que todos tenemos derecho es una parte fundamental de esa seguridad; así comienzan a verlo los países tecnológicamente más avanzados. Desafortunadamente, esto no es compatible con los intereses militares, lo cual es desde luego reprobable. Los militares no se detienen a reflexionar sobre el problema que conlleva el uso de la energía nuclear porque su mentalidad actúa en función de otros intereses y principios. Es muy importante que la sociedad civil asuma una actitud más crítica y mejor informada acerca de las ventajas y desventajas de nuestras fuentes de energía. La opinión que se forma a la sombra de las tragedias no es precisamente la más serena y balanceada.

NEUTRINOS MÁS RÁPIDOS QUE LA LUZ: ¿ERROR O DESCUBRIMIENTO SENSACIONAL?

En una reciente medición, los físicos del CERN y el experimento OPERA han encontrado que los neutrinos viajan a una velocidad mayor que la de la luz. Algo imposible, si es que la teoría de la relatividad es cierta.[1]

El pugilista más grande de todos los tiempos, tres veces campeón de los pesos pesados, Cassius Clay, declaró antes de su famosa pelea contra George Foreman: «Soy el más veloz: anoche apagué la luz en el interruptor de mi habitación y me metí en la cama antes de que el cuarto se oscureciera». Cassius Clay noqueó a Foreman en el octavo asalto para retener el título de campeón mundial de los pesos completos. Si bien no es

[1] Una vez terminado este ensayo, la colaboración OPERA informó que el error en la medida de la velocidad de los neutrinos se debió a una falla en la conexión entre una fibra óptica y la tarjeta electrónica de una computadora. Si bien el error puede ser catalogado de imperdonable y ha provocado la dimisión del portavoz y del coordinador de investigación del experimento, la realidad es que pone de manifiesto la complejidad de los experimentos de este tipo. Ante la inesperada medida del experimento OPERA, otros grupos se dieron a la tarea de hacer sus mediciones de manera independiente: BOREXINO, ICARUS y LDV son aparatos que funcionan en el mismo laboratorio, dentro de las cavernas de la montaña Gran Sasso, en Italia. Las mediciones reportadas por todos ellos coinciden en que los neutrinos no viajan a una velocidad superior a la de la luz.

cierto que Cassius Clay haya sido más veloz que la luz, sí puede ser, hipotéticamente, que haya sido más rápido que la propagación de la electricidad que alimenta la lámpara. Velocidad nada despreciable la del boxeador leyenda: si se le da crédito a su afirmación, en el trayecto del apagador a la cama pudo haber alcanzado una velocidad muy cercana a la de la luz.

Lo que ciertamente no pudo haber ocurrido es que el ganador de la medalla de oro en los Juegos Olímpicos de Roma en 1960 hubiese superado la velocidad de la luz. Eso es por lo menos lo que creen los físicos modernos, que piensan que ningún objeto puede hacerlo, pues constituiría una grave violación a un postulado fundamental de la física moderna y por tanto es inaceptable, aun tratándose de Alí.

El Centro Europeo de Investigaciones Nucleares (CERN) había enviado desde hacía tres años un haz de neutrinos al laboratorio Gran Sasso, en Italia, a 730 km de distancia. Los investigadores del experimento OPERA, que se encuentra en una caverna bajo la montaña a 120 km de Roma, querían saber si los neutrinos que salieron del CERN como neutrinos de muon llegaban a Italia como neutrinos de tau. Además de medir lo anterior, podían medir otras cosas, por ejemplo la velocidad con la que estas partículas viajan a través de la roca recorriendo la distancia entre los laboratorios. Lo que anunciaron en fechas recientes es que los neutrinos habían llegado antes de lo esperado. Ello implicaría que habrían viajado a una velocidad mayor a la de la luz... que no es decir poca cosa. De ser cierto, esto pondría en crisis los cimientos de la física moderna, pues la teoría de la relatividad especial ha sido comprobada en numerosas ocasiones. En ella se basa una buena parte de los logros tecnológicos del siglo XX, desde las computadoras hasta la energía nuclear.

El equipo experimental de la colaboración OPERA se ha dedicado a lo largo de seis meses a revisar cada detalle de la medición. La distancia entre el CERN y el Laboratorio Gran Sasso ha sido medida con una precisión de 20 cm en 730 534.61 m. El tiempo se mide con una sofisticación sin igual por medio de relojes atómicos. En su reporte de resultados muestran cómo la precisión lograda en la medición del tiempo les permite detectar pequeños movimientos en la corteza terrestre. Con su sistema de medición pueden observar movimientos tan pequeños como de un centímetro por año debido al arrastre de los continentes. Cuando en abril de 2009 un sismo sacudió la región donde se desarrolla el experimento, los científicos pudieron ver un desplazamiento de 7 cm de la región de L'Aquila, Italia.

Sin embargo, los puntos de inicio y terminación de la trayectoria de los neutrinos son imposibles de determinar. Los neutrinos muónicos se producen al hacer chocar un haz de protones contra un bloque de grafito de 2 m de largo, a raíz de lo cual se producen las partículas que, al desintegrarse, darán origen a los neutrinos unos metros más adelante. El análisis que se hace de los datos es, pues, un análisis estadístico.

Como su nombre lo dice, los neutrinos son neutros —es decir, no tienen carga eléctrica—, y su masa es de casi cero. Por estas y otras propiedades, pueden volar por la materia como el viento a través de una puerta abierta. Solo en raras ocasiones llegan a ser detenidos y desaparecen en una chispa que deja una señal en el detector. Para incrementar la probabilidad de que esto ocurra, los detectores son enormes y de materiales pesados. El detector OPERA, por ejemplo, tiene placas de plomo apiladas entre elementos sensibles, y para no ser perturbado por el mundanal ruido se encuentra por debajo de los Montes Apeninos, con 1400 m de suelo y roca encima.

Para hacer la medición se tomaron casi 16 000 eventos de neutrinos que, a lo largo de más de tres años, fueron observados en el detector. El resultado es que los neutrinos llegan a la meta antes de lo esperado. Si la luz pudiese atravesar el suelo y la roca, llegaría 60 000 millonésimas de segundos después que los neutrinos. Esto quiere decir que, con la velocidad que llevan, los neutrinos se adelantan casi 20 m a la luz en el trayecto de Ginebra a Gran Sasso.

Aunque el resultado es muy marcado, la comunidad de físicos piensa que se trata de un error. Para que esta medición sea considerada seriamente será necesario que otros científicos repitan el experimento y confirmen el resultado, lo cual no ocurrirá pronto. Un par de experimentos se han dado a la tarea de corroborar o descartar el resultado de OPERA: uno en Japón y otro en Estados Unidos podrían tener mediciones similares en menos de un año. Si el resultado fuese cierto, los excesos del neutrino son moderados: su velocidad sería 0.0025 % mayor que la de la luz. Uno podría pensar: ¿para qué tanto escándalo si se trata de una infracción tan pequeña? El problema es que aun esta pequeña desviación abre la posibilidad de viajes en el tiempo, cuya consecuencia inmediata es la invalidación del muy bien establecido principio de causa y efecto. «Uno podría enviar telegramas al pasado», decía Einstein. Más aún, uno podría viajar al pasado y evitar que su padre y su madre se conociesen, lo que implicaría evitar su propia existencia, no obstante que comenzamos la historia con la idea de que uno existe, y si uno no existe no puede viajar al pasado para evitar que su padre y su madre se conozcan. A esto se le llama paradoja.

Si todo esto es cierto, es demasiado fuerte para ser verdad. Significa que estamos equivocados por completo y que es necesario reconsiderar toda la física. Los físicos del experimento son conscientes de ello y por lo mismo han sido prudentes al decir que, después de mucho estudiar la medición, decidieron exponer sus resultados al escrutinio general. La palabra la tienen ahora los experimentos que vayan a repetir la medición.

Los neutrinos son partículas elementales que vienen en tres tipos. Existe un neutrino del electrón, uno del muon y otro del tau. Son extremadamente escurridizos y por tanto es difícil medir sus propiedades. Hoy tenemos razones para pensar que tienen una masa, pero que esta es muy pequeña.

Al lector le puede parecer muy extraño que se hable y escriba de objetos tan exóticos como los neutrinos. La primera reacción al escuchar de estas cosas es de escepticismo ante un mundo extraño. Sin embargo, estos curiosos mundos están más cerca de lo que pensamos. En la actualidad usamos cobalto radiactivo para tratar el cáncer, para esterilizar equipo médico, para obtener radiografías industriales, para irradiar alimentos y conservarlos mejor, entre otras cosas. El cobalto, al decaer y emitir la radiación que tan útil nos resulta, emite también neutrinos. Entender estos procesos ha traído grandes beneficios a nuestras vidas. El cobalto decae para convertirse en níquel inestable que se estabiliza al emitir rayos X. Al decaer, el cobalto emite neutrinos que escapan sin ser vistos; sin embargo, conocer esto y calcular la energía que lleva el neutrino nos ha permitido usar el cobalto en nuestro provecho. Si no hubiésemos aprendido los caprichos del neutrino no podríamos estimar el movimiento de los electrones que salen aparejados ni tendríamos idea de lo que ocurre como para colocárselo a una persona que padece cáncer para curarla.

Ahora los neutrinos podrían mostrarnos un comportamiento desconocido de la naturaleza, aunque, en lo que se refiere a su velocidad, los datos presentados seguramente implican un error que deberá ser descubierto. Como dice la canción: «¡Es demasiado bueno para ser verdad!».

CIENCIA AL EXTREMO

Grandes presupuestos, riesgo controlado, largo aliento y un alcance inusitado son aspectos de la exploración científica de nuestro tiempo. Para algunos la desmesura; para otros, el inevitable camino en la búsqueda del conocimiento.

Con ejércitos de investigadores y monumentales detectores, el CERN, con su acelerador de partículas, se ha perfilado como un gigante de la investigación, un complejo enorme que tiene como objetivo descubrir una partícula que no vivirá más que unas fracciones de mil millonésimas de segundo. El proyecto se plantea preguntas fundamentales: ¿existen otras dimensiones que no vemos, distintas a aquellas en que vivimos? ¿Por qué el universo está hecho de materia y no de antimateria? ¿Cómo era el universo temprano? ¿Qué simetrías existen en la naturaleza y cómo es que estas simetrías se rompen para dar origen a todo lo que observamos?

En el campo de la ciencia experimental, los físicos son los científicos que más persiguen la objetividad; no obstante, sus gigantescos experimentos actuales despiertan estupor, admiración o incredulidad, reacciones todas singularmente subjetivas.

Un ejemplo de estos experimentos extremos es el detector de neutrinos Super Kamiokande, en Japón, el cual, a mil metros por debajo del nivel del suelo, alberga 50 000 t de agua purificada en una caverna de 40 m de alto y 40 m de ancho cuyas paredes están tapizadas por cerca de 11 000 fototubos que se encargan de convertir las más pequeñas señales de luz en pulsos eléctricos. Es un portento y paradigma de lo desmedido. Aquí se pretende observar protones y neutrinos que provienen de supernovas que pueden estar en cualquier parte de nuestra galaxia.

Otro experimento gigantesto es el del Observatorio Europeo Austral (ESO, por sus siglas en inglés) con el proyecto ALMA, el cual pretende estudiar los objetos más fríos del universo. Con la débil luz que emiten lejanas nubes moleculares, los astrónomos podrán estudiar las condiciones químicas y físicas de lo que puede ser el origen de las estrellas. Estas regiones del universo permanecen oscuras en la región del espectro visible, pero brillan con intensidad en la región sensible de dicho observatorio. Este es el proyecto astronómico más grande que existe y se localiza a 5000 m de altitud en la cordillera de los Andes, en Chile, en uno de los lugares más secos del planeta. Aunque el proyecto deberá estar terminado en 2013, sus primeras observaciones comenzarán mucho antes y ofrecerán una nueva imagen del universo.

Ante tal despliegue de recursos, uno se pregunta qué motiva a los investigadores y a las instituciones gubernamentales educativas o privadas a aprobar o apoyar el financiamiento de estos gigantescos y desmesurados proyectos. La búsqueda de la verdad para unos, el progreso tecnológico y el desarrollo económico para otros. La investigación se ha convertido así en uno de los motores del crecimiento económico.

La web es sin duda la invención más célebre del CERN, pero no es la única. Si bien este invento llegó a los países que no invirtieron en él, las trasferencias tecnológicas que se generan ahí ciertamente benefician mayormente a los países que las promueven.

Diseños electrónicos que se envían a empresas europeas para su producción industrial, grupos de investigadores que deciden poner su experiencia en la construcción de mejores aparatos para los hospitales, así como discusiones cotidianas con los fabricantes de los más sofisticados dispositivos que aprenden así cómo mejorarlos, son la parte más preciada para los gobiernos que deliberadamente invierten en estos proyectos. Y sin embargo, toda esta actividad científica parece insuficiente para explicar la obstinada marcha de la ciencia hacia los extremos. Para llevar a cabo sus proyectos faraónicos, los científicos se transforman en ingenieros del extremo.

A más de dos kilómetros por debajo de la gélida superficie antártica, los físicos perforan el hielo para colocar detectores de neutrinos y luego permanecen ahí, en la oscuridad del invierno, para vigilar que los datos tengan la calidad deseada. Alejados del mundo en condiciones extremas, los estudiantes y profesores esperan a que un kilómetro cúbico de hielo supervisado con sus aparatos les revele la presencia de materia oscura proveniente, acaso, de los confines del universo. ¿Es que la ciencia, paradigma de la razón en la modernidad, ha llegado a un punto de encuentro con la pasión? Los científicos son los primeros en aceptar que la investigación científica es un asunto del corazón.

En la búsqueda de la verdad, los científicos se imponen desafíos tecnológicos a los que terminan siempre por vencer, para mostrar una y otra vez lo ilimitado de su ingenio técnico. El gigantismo de los experimentos es un signo revelador de que la ciencia depende cada vez más de la tecnología para responder a las preguntas que se ha planteado. Esta búsqueda, por supuesto, no es privativa de los físicos. Como ejemplo están los laboratorios P4 de alta seguridad que resguardan los extremadamente virulentos agentes patógenos de clase 4. Virus como el del Ébola, que causó estragos en Uganda en el año 2000, se encuentran aquí a la disposición de los biólogos que realizan experimentos con el foco infeccioso. Embutidos en trajes especiales, se internan en los laboratorios de máxima seguridad a través de varias cámaras antes de llegar al lugar en donde se encuentran los virus y bacterias más letales del planeta, arriesgando así su propia vida. Y para que no quede en retórica, recordemos que en 2004 nos conmovió la desafortunada muerte de la investigadora rusa Antonina Presnyakova, quien durante sus investigaciones se contagió accidentalmente del virus del Ébola, para el cual no existe cura. Ya en 1988 otro investigador había contraído el virus de Marburg, causándole la muerte.[1]

En todos estos proyectos científicos encontramos la voluntad humana de entender y dominar el medio, de buscar la verdad, y en el corazón de esta búsqueda indudablemente está presente la necesidad de conocimiento que habita en cada ser humano y que se manifiesta de manera particular en los niños. Esta curiosidad es, quizá, esencial en la naturaleza humana, tan inseparable de ella como imparable. Aun así, y como decía Platón, no es en los hombres, sino en las cosas mismas, donde es preciso buscar la verdad.

[1] El virus del Ébola sigue siendo un misterio. No sabemos dónde se hospeda cuando no está activo, sin embargo cuando lo hace mata a su huésped a una velocidad amenazante incluso para sí mismo.

EL LÍMITE DE LA FÍSICA EXPERIMENTAL DE ALTAS ENERGÍAS

El 1 de septiembre de 1939, con la invasión de Polonia por los alemanes, se inició la Segunda Guerra Mundial. El 27 del mismo mes Varsovia capitulaba, y dos días más tarde Polonia estaba en manos de alemanes y soviéticos, que se repartían el territorio en un tratado «amistoso» entre los vencedores de este primer conflicto de la guerra.

En contraparte, y como muestra del triunfo de la razón y la inteligencia frente al comportamiento destructivo de los seres humanos, ese mismo mes Ernest Lawrence anunciaba sus planes para construir un ciclotrón de 100 Mev, y unos meses después recibía el premio Nobel por la invención del acelerador de partículas. Y es que en 1931, con un grupo de estudiantes de la Universidad de California, Lawrence ya había logrado crear una máquina con 10 cm de diámetro que, empacada en una caja de cobre en forma de disco, lograba acelerar protones hasta alcanzar una energía de 80 KeV.

Los físicos utilizan al electronvoltio como unidad de la energía. Un electronvoltio es la energía que gana un electrón cuando se lo somete a una diferencia de potencial de un voltio. Un kiloelectronvoltio se refiere, pues, a mil electronvoltios; un megaelectronvoltio equivale a un millón de electronvoltios, y así sucesivamente.

Hoy, el acelerador que llevan dentro los monitores de televisión, por cierto en peligro de extinción por la llegada de las pantallas planas, acelera electrones hasta 24 KeV. Con la energía que llevan los electrones en el televisor, logran una velocidad de un tercio de la velocidad de la luz, de tal forma que recorren su camino de la fuente a la pantalla en aproximadamente 3 ns, es decir, 0.000000003 s. Estas son magnitudes relativistas, que conforman ya nuestra cotidianeidad y de las que pocas veces nos percatamos.

En 1939, Lawrence se proponía aumentar la energía de sus aceleradores: de 80 KeV que tenían al comienzo de la década de los treinta a 100 MeV. Para 1947 la guerra había terminado y el primer gran descubrimiento científico con el uso de un acelerador fue el presagio de una larga carrera para el desarrollo tecnológico que habría de impactar en la física del siglo XX: el físico brasileño Cesar Lattes y el estadounidense E. Gardner habían logrado producir de manera artificial el mesón π con el uso de un acelerador. Desde ese momento la máquina inventada antes de la guerra se convirtió en la herramienta indispensable de la investigación en la física de partículas elementales.

Muchos descubrimientos que revolucionaron nuestra forma de ver el mundo fueron posibles gracias al desarrollo de sofisticadas formas de acelerar partículas. Por ejemplo, los aceleradores llegaron a los hospitales, donde hoy se usan para tratar el cáncer; son también fuentes de una luz muy especial, llamada luz de sincrotrón, que actualmente utilizan los biólogos en sus investigaciones microscópicas; y existen interesantes proyectos en los que los aceleradores serán usados en el tratamiento de basura nuclear e incluso para encender reactores nucleares más seguros y eficientes.

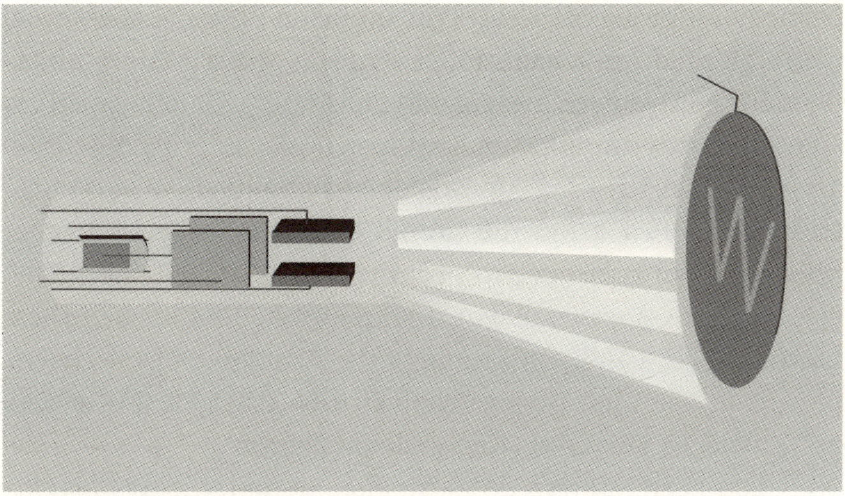

Figura 28. Un televisor es un acelerador lineal de electrones. Estos se generan con una fuente emisora. El haz de electrones (línea en forma de W) es enfocado con un solenoide y se desvía luego con magnetos que llevan al haz a barrer la pantalla donde se produce la luz que nos da la imagen. La modulación de la intensidad del haz produce grados de luminosidad en la pantalla que reproduce la imagen recibida.

De las numerosas aplicaciones de los aceleradores no queda duda. La mayor parte de ellas son médicas o industriales, y solo una pequeña parte de los aceleradores existentes son una herramienta en la investigación científica —aunque para los físicos de partículas elementales los aceleradores siguen siendo el instrumento más importante de sus investigaciones. Los proyectos más importantes en el entendimiento de la estructura fundamental de la materia dependen de la posibilidad de desarrollar proyectos con aceleradores cada vez más potentes.

Un acelerador hace uso de una fuente de electrones, protones o de alguna otra partícula cargada para formar conglomerados, como racimos de uvas, que luego son llevados a enormes velocidades en un proceso de aceleración. La energía final de las partículas sometidas a este proceso define el potencial del acelerador y, con esto, el potencial de descubrimiento del fino entramado de la materia. Cuanto mayor sea la energía, más pequeña será la escala espacial con la que podamos observar su estructura, hurgando en las dimensiones microscópicas.

El acelerador más grande de la actualidad entró en funcionamiento en 2008. El Gran Colisionador de Hadrones, ubicado en el CERN, acelera protones a una energía de 7 TeV: esto es 70 000 veces mayor a la que pretendía llegar Ernest Lawrence en 1939. En términos de su potencial microscópico, esta máquina puede resolver estructuras a una escala 20 000 veces menor al tamaño de un protón.

Los aceleradores de partículas se han vuelto famosos por lo espectacular de su tamaño. El acelerador LHC (por sus siglas en inglés: Large Hadron Collider) o Gran Colisionador de Hadrones, tiene la forma de un anillo con un perímetro de 27 km. No obstante su magnitud, ya se discute la construcción de una máquina más potente.

Existe consenso en la comunidad de físicos sobre el tipo de máquina que debe seguir al Gran Colisionador de Hadrones, y todos están de acuerdo en que este sea un acelerador lineal de electrones. La tecnología es conocida y el proyecto viable, solo falta decidir el sitio en que se construirá. Cuando esto ocurra, habrá que construir ahí un túnel de 30 km de longitud. Una opción interesante es la de un colisionador circular más grande que el GCH al que se ha llamado Futuro Colisionador Circular (*Future Circular Collider*).

El estudio de los fenómenos que se observen cuando estas máquinas entren en funcionamiento, llevará a la comunidad científica internacional al año 2040 en el análisis de los datos que de ahí se obtengan. No sabemos qué es lo que ahí veremos ni cómo cambiará nuestra visión del mundo después de mirar por la ventana que estas máquinas están abriendo al entendimiento humano.

Y … ¿qué pasará después? El siguiente paso deberá ser significativo en la profundidad a la que podamos acceder con estos aparatos, por lo cual el siguiente acelerador tendría que ser de un tamaño gigantesco, al igual que el costo de su construcción, como para pensar en algo convincente a los ojos de quienes pagan por estos laboratorios. ¿Habremos llegado acaso al límite de lo que la física de altas energías puede explorar?

Aunque existe el camino de la precisión, que también promete grandes avances y que requiere de gran cantidad de datos más que de grandes energías, persiste la idea de que es necesario llegar a escalas de resolución espacial cada vez mejores. ¿Tendremos que contentarnos con explorar la estructura de la materia a la escala de 10^{-20} metros, es decir, 0.00000000001 milésimas de micra, que nos darán los proyectos que mencionamos? ¿Es esta la barrera infranqueable que se nos presentará para que solo podamos imaginar sin la esperanza de asomarnos más allá? ¿Son el Gran Colisionador de Hadrones y el Acelerador Lineal de Electrones o el Futuro Colisionador Circular los últimos proyectos de altas energías?

Contestar afirmativamente estas preguntas es asumir el límite del conocimiento mismo, pues el espacio y el tiempo son las categorías fundamentales del entendimiento y nuestra comprensión del universo depende al final de nuestra capacidad para conocer con detalle su naturaleza. Afortunadamente la respuesta es no. Una nueva tecnología está naciendo en varios laboratorios y pronto se introducirá en el estudio de la estructura fundamental de la materia.

Los aceleradores del futuro

En el campo de la física especializada en la investigación y el desarrollo de aceleradores se habla de gradientes de aceleración para referirse a la energía que gana una partícula por unidad de longitud.

Las tecnologías actuales permiten gradientes de hasta 30 MeV por metro, lo que significa que se requiere de un acelerador con 30 km de longitud para llevar a las partículas —por ejemplo electrones— a una energía de 900 GeV. Un túnel con 30 km de longitud no es impensable: el que atraviesa el Mont Blanc, en los Alpes suizos, tiene 12 km de longitud, y el que alberga al Gran Colisionador de Hadrones, muy cerca de ahí, tiene 27 km de perímetro. De hecho, estas son las dimensiones del proyecto de construcción del Acelerador Lineal que mencionamos al principio. Esta es también la energía que se proyecta para este acelerador.

Los aceleradores actuales funcionan con campos eléctricos generados en cavidades de radiofrecuencia. Estas cavidades, hechas de niobio y enfriadas al grado en el que este elemento se vuelve superconductor, tienen límites absolutos más allá de los cuales los campos se vuelven inestables. Por arriba de estos límites se originan en la cavidad chispas eléctricas y descargas que pueden llegar incluso a fundirse. En el proyecto del Acelerador Lineal se utilizarán estas cavidades superconductoras. Para lograr el gradiente necesario, se deben pulir estas cavidades con métodos muy sofisticados. Este pulido fue la clave para hacer de las cavidades superconductoras de niobio la tecnología a usar en el proyecto del Acelerador Lineal.

Habiendo llegado al límite físico de las cavidades, la única posibilidad de lograr mayores energías con el uso de esta tecnología es construir aceleradores más largos. Sin embargo, un túnel de 30 km de longitud es ya de tamaño considerable y pensar en algo significativamente mejor, como por ejemplo energías diez veces mayores, nos llevaría a un túnel de 300 km, con lo cual sí estamos ya en serias dificultades, y resulta claro para los físicos que esta no es la solución. Es por eso que los laboratorios de altas energías han estado buscando nuevas formas de acelerar partículas cargadas, y ahora parece claro cuál será el futuro.

La vida de la física experimental de altas energías está en los llamados aceleradores de estela de campo. Estos aceleradores consisten en una sopa de gas ionizado a través del cual se hace pasar un haz de electrones para crear una estela. Una vez creada esta, los electrones que viajan en la parte posterior del haz son acelerados al entrar en la onda que generan los electrones frontales. El efecto es muy parecido a lo que ocurre cuando un barco en movimiento deja una estela en el agua generando olas: los electrones son como surfistas que se montan en estas olas para ser acelerados.

Los primeros éxitos con el uso de plasmas en cavidades de aceleración son ya una realidad. Se ha logrado probar el principio de aceleración en plasmas a la escala de milímetros, en los que se logran gradientes de hasta 100 GeV. Esto es más de mil veces mayor a lo que se consigue con las tecnologías actuales. Este incremento dramático en los gradientes de aceleración está en vías de extenderse a la escala de metros, lo que abre la posibilidad de una nueva generación de aceleradores. Con esta nueva tecnología de plasmas se podrán construir aceleradores de mesa que vendrán a revolucionar la tecnología. Al mismo tiempo, los nuevos aceleradores nos llevarán a un dominio considerablemente más profundo en el estudio de la estructura de la materia.

Pero, ¿qué es un plasma? Un plasma es un gas en el que los átomos se han roto, es decir, en el que los electrones han sido separados de los núcleos atómicos de tal forma que núcleos con carga positiva y electrones se mueven libremente. En condiciones normales, los átomos que nos rodean pierden electrones de vez en cuando, pero los recupera pronto o atrapa otro para estabilizarse inmediatamente. Las lámparas fluorescentes contienen un plasma a base de vapor de mercurio o de otros elementos como neón o argón. Estas lámparas son en cierta forma un plasma que todos podemos ver. Cuando se lo somete a una diferencia de potencial, los electrones se separan de los átomos, formando un plasma iluminado. En realidad, las lámparas de mercurio generan luz ultravioleta (UV) y es por eso que el interior del tubo se cubre con un material que emite luz visible al absorber la luz UV que no podemos percibir con el ojo humano. Esta cubierta es la que hace que los tubos se vean blancos cuando están apagados.

En el Stanford Linear Accelerator Center, en Estados Unidos, se pretende construir un acelerador de plasma a la escala de un metro. Una cámara con esta longitud se llena con gas de litio, el cual es sólido a temperatura ambiente; así, unos gramos de este elemento se calientan a 600 °C para producir un gas con cien billones de átomos por centímetro cúbico y un láser se encarga luego de ionizar el gas para producir el plasma que contiene el mismo número de electrones que de iones cargados positivamente.

Ya con el plasma de litio presente, el haz del Acelerador Lineal del laboratorio, que actualmente tiene una longitud de 3 km, es usado para inyectar un paquete de electrones al gas. Este paquete tiene una longitud de 0.6 mm y un diámetro transversal de aproximadamente 0.04 mm. La carga del paquete de electrones expele a estos del plasma, generando oscilaciones que son consecuencia de la fuerza restauradora de los iones positivos. Los campos que se generan producen una aceleración al paquete muchas veces mayor que la que se obtiene con cavidades resonantes convencionales (ver figura 29). Los electrones en la parte frontal del paquete pierden energía al ceder a los electrones del plasma el movimiento que generan los campos oscilantes en el gas de iones. Sin em-

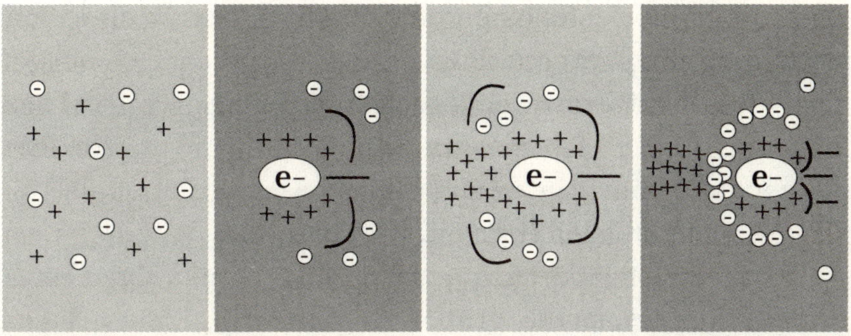

Figura 29. En el primer cuadro se muestra un plasma hecho de iones positivos y electrones libres antes de que entre un paquete de electrones. En el segundo cuadro, el paquete de electrones entra en el plasma, haciendo que los electrones del mismo se alejen y que los iones positivos se acerquen al paquete en movimiento, que deja tras de sí una estela de iones positivos. En el tercer cuadro se observa cómo los electrones que fueron repelidos por el paquete se acercan luego atraídos por la carga positiva de los iones en la estela. En esta nueva posición, los electrones del plasma aceleran a los electrones en la parte posterior del paquete (imagen tomada con autorización de la revista *Symmetry*).

bargo, los electrones en la parte posterior del paquete experimentan una aceleración.

El acelerador de Stanford ya logró un haz de electrones con 4 GeV en solo 10 cm, lo que se puede obtener en un acelerador convencional con un tramo de 200 m. La idea del proyecto es lograr un gradiente de un gigaelectronvoltio por metro manteniendo la calidad del haz. De ser posible, un acelerador con esta tecnología reduciría la longitud del Acelerador Lineal de Electrones, de 30 km que mencionamos arriba, a solo 900 m. Por supuesto, para que esto sea posible será necesario resolver una buena cantidad de problemas de ingeniería. Los expertos piensan que ello llevará aún varios años de investigación y desarrollo.

La tecnología tiene variantes. Una de ellas es la de utilizar un láser para producir la estela. La luz está hecha de campos electromagnéticos, pero aunque estos son muy fuertes están siempre orientados perpendicularmente a la dirección deseada de propagación de la misma. Estos campos serían efectivos si estuvieran en la dirección de propagación del haz de electrones que queremos acelerar, pero eso no ocurre. Aun así, la interacción de la luz con el plasma crea campos eléctricos que aceleran a los electrones.

En muchos laboratorios del mundo se investigan estas técnicas. Recientemente, grupos en Inglaterra, Francia y Estados Unidos lograron pulsos muy coherentes de electrones con longitudes de solo 10 fs (10^{-15} s), los más cortos jamás producidos. Estos pulsos son ya una realidad y pueden ser dirigidos a una superficie de metal para producir pulsos de rayos X ultra cortos, lo que a su vez ofrece un potencial enorme para el estudio de procesos químicos y biológicos.

MÉXICO Y LA FÍSICA DE ALTAS ENERGÍAS

MÉXICO Y LOS ACELERADORES DE PARTÍCULAS

Un acelerador de partículas es un dispositivo que, haciendo uso de campos eléctricos y magnéticos, lleva a partículas cargadas a altas velocidades. A primera vista, algo así podría parecer baladí. Sin embargo, los aceleradores están cada día más presentes en nuestras vidas y, aunque pocas veces nos percatamos de ello, los aceleradores son una tecnología que llegó para quedarse.

En el México de los años cuarenta, el Instituto Politécnico Nacional (IPN) comenzó a cultivar la tecnología de aceleradores de partículas. En 1942, el doctor Manuel Cerrillo Valdivia, investigador de la Escuela Superior de Ingeniería Mecánica y Eléctrica, inventó el transformador gemelo Tesla, que dio origen a la generación de grandes voltajes para su aplicación en la aceleración de partículas.

Manuel Cerrillo, quien fuera uno de los primeros directores del IPN, se fue en 1939 al prestigioso Massachusetts Institute of Technology (MIT), en Estados Unidos, pero Juan Manuel Ramírez Caraza siguió adelante con el proyecto en México. En 1948, este último anunció la obtención de 15 millones de voltios en las instalaciones de la escuela ubicada en el Centro Histórico de la ciudad de México, lo que en esa época era todo un récord mundial. Más tarde, en 1950, el mismo Ramírez Caraza sería también director del IPN.

Un haz de partículas es una herramienta muy útil. Si tiene la energía correcta y la intensidad justa, puede reducir un tumor, producir energía limpia, detectar un objeto sospechoso en carga, fabricar un mejor neumático radial, potabilizar el agua sucia para beberla, trazar proteínas, estudiar una explosión nuclear, diseñar una nueva droga, fabricar un cable automotriz resistente al calor, diagnosticar una enfermedad, reducir la basura nuclear, detectar la falsificación de arte, implantar iones en semiconductores, datar objetos arqueológicos o descubrir los secretos del universo.

Los haces producidos hoy día en aceleradores de partículas se orientan al estudio de problemas de mucho interés para nuestro país: energía, ambiente, empleos dignos y seguridad económica, salud, etcétera. La nueva generación de aceleradores tendrá un potencial mayor y contribuirá aún más a la salud, riqueza y seguridad de las naciones que los diseñan, producen y utilizan. Así, por ejemplo, incorporar la tecnología de aceleradores en las fuentes de energía nuclear del mañana tiene el enorme potencial de hacer a la energía atómica más segura, más limpia, con mucho menos residuos nucleares.

Los haces de electrones pueden tratar el flujo de gases de las plantas generadoras de electricidad y volverlas más limpias y amigables con el medioambiente; de igual manera estos haces podrían purificar el agua que ahora se desperdicia y hacerla potable. Asimismo, los avances en la terapia con haces prometen mejorar el tratamiento del cáncer maximizando la energía que se deposita en el tumor al mismo tiempo que se minimiza el daño al tejido sano. Los aceleradores pueden servir como fuente alternativa confiable de isótopos médicos. En la industria, los aceleradores son una alternativa más barata y más verde en cientos de procesos de manufactura. Así, el desarrollo continuado de la tecnología de aceleradores dará a los científicos las herramientas que harán posible los descubrimientos en todo el espectro de las ciencias, de la física de partículas a la biología humana.

Aunque la marca mundial en energía le pertenece al Gran Colisionador de Hadrones del CERN, en realidad son decenas de miles de aceleradores los que trabajan diariamente para producir los haces de partículas en los hospitales y clínicas, en las plantas de manufactura en los laboratorios industriales, etcétera: más de treinta mil aceleradores operan en el mundo. En México contamos con más de setenta, de los cuales poco más de cincuenta se encuentran en hospitales a lo largo y ancho de la República.

Muchos países reconocen el potencial a futuro de las aplicaciones de los aceleradores. Los países de Europa y Asia están aplicando las nuevas tecnologías para aceleradores de la siguiente generación. En marzo de 2010, el gobierno de Bélgica aprobó 1300 millones de dólares para el proyecto MYRRHA, que espera demostrar un sistema con acelerador para producir energía nuclear y transmutar los desechos a una forma que decae más rápidamente a materia estable no radiactiva. El gobierno belga estima que el proyecto generará unos dos mil empleos. En China y Polonia los aceleradores están convirtiendo gases de chimeneas industriales en fertilizante y Corea del Sur opera una planta de tratamiento de agua de escala industrial usando haces de electrones; asimismo, los pacientes con cáncer en Japón y Alemania pueden ya recibir tratamiento con haces de iones ligeros.

Históricamente, los avances en la tecnología de aceleradores iniciaron como investigación científica básica. La curiosidad humana por descubrir las leyes de la naturaleza, de las más fundamentales interacciones de la materia al comportamiento de los sistemas biológicos complejos, ha conducido a la búsqueda de herramientas cada vez más poderosas. Desde los días del tubo de rayos catódicos, en 1980, los aceleradores de partículas han sufrido una extraordinaria transformación como herramientas de ciencia básica. Entre el ciclotrón de 10 cm de diámetro de Ernest Lawrence, construido en Berkeley en 1930, y los aceleradores más poderosos de hoy, como el Gran Colisionador de Hadrones, hemos tenido docenas de máquinas cada vez más poderosas y precisas que han venido incorporando innovaciones para el avance científico. Cada generación de aceleradores de partículas se construye sobre los logros del anterior, aumentando aún más el nivel de tecnología.

Uno de los usos más populares de los aceleradores es el de generadores de luz, la cual tiene características muy particulares que permiten obtener una gran resolución, tanto espacial como temporal, en sus aplicaciones. Es también muy brillante y barre un espectro amplio que incluye los rayos X duros.

La radiación es el producto de la aceleración de cargas eléctricas, lo cual se logra de diferentes formas. El tipo de luz producida y sus características dependen de la forma escogida, aunque la más común es utilizar fuentes de luz sincrotrón, en donde los electrones son acelerados hasta que alcanzan la energía deseada y luego son inyectados a un anillo de almacenamiento, el cual contiene dispositivos especiales en sus secciones rectas para producir la luz coherente.

El uso de la radiación sincrotrón se inició como una actividad parásita en aceleradores diseñados para estudios de física de altas energías. Con el tiempo, estos aceleradores dejaron de ser útiles en esta área y se convirtieron en fuentes de luz dedicadas. A estas se les llama fuentes de luz de primera generación.

México debería contar con una fuente de luz sincrotrón, pues le permitiría incursionar en un área de desarrollo tecnológico que tiene un futuro extraordinario en muy diversos campos. Una fuente de luz sincrotón pondría a nuestro país a la vanguardia del desarrollo científico y tecnológico, y esto con un esfuerzo económico modesto.

PRIMITIVISTAS EN MÉXICO: EL TERROR COMO FORMA DE EXPRESIÓN

En agosto de 2011, en el Estado de México, dos profesores del Instituto Tecnológico de Monterrey (ITM) fueron atacados por un grupo de terroristas que se asumieron como enemigos del avance de la tecnología. El grupo, autodenominado Individuos Tendientes al Salvajismo (ITS), dejó un paquete bomba en un edificio del ITM que puso en peligro la vida de los dos tecnólogos, quienes nunca pensaron que aquel paquete común ocultaba un tubo galvanizado con explosivos suficientes para volar parte del edificio tan pronto como se desprendiera la cinta. Afortunadamente solo algunos centímetros de los más de veinte reaccionaron y produjeron la explosión.

El Instituto Tecnológico de Monterrey es una de las instituciones de educación superior más grandes de Latinoamérica. Con más de 90 000 estudiantes en preparatoria, universidad y posgrado, es también una de las más importantes del país y cuenta con presencia en todo el territorio nacional. Esta institución es de alto perfil y una de las líderes en la solicitud de patentes en México. Después de casi setenta años de su fundación, se ha convertido en parte del inventario educativo del Estado. La rectoría se encuentra en Monterrey, mientras que el campus Estado de México es el más grande del sistema después del campus con base también en Monterrey.

El grupo ITS reivindicó el ataque. En su mensaje, colocado en un blog de la web, el ITS expresa particular hostilidad a la nanotecnología y las ciencias computacionales. Allí este grupo publicó una amplia declaración en la que asumía su responsabilidad por el ataque y exponía sus motivos. Este movimiento está relacionado también con ataques en países europeos como España y Francia. En Latinoamérica, tiene presencia en Chile y México. En abril de este año, el ITS envió una bomba similar al encargado de la División de Ingeniería Nanotecnológica de la Universidad Politécnica del Valle de México (UPVM), ubicada en Tultitlán, Estado de México. El dispositivo, por fortuna, no explotó.

El ITS ha expresado su afinidad con el terrorista Theodore Kaczynski, quien mató a tres personas e hirió a muchas más con una serie de bombas enviadas a universidades, aerolíneas y otras compañías en Estados Unidos entre 1978 y 1995, en una embestida antitecnológica.

Estar en contra de la tecnología es una idea tan respetable como cualquier otra. En una sociedad democrática, tolerante, civilizada, es un tema que se puede debatir. Todas las personas debieran poder expresar sus ideas sobre la conveniencia o no del desarrollo tecnológico de nuestra sociedad. No es necesario ocultarse ni convertirse en asesino para poder exponer argumentos en contra del uso de la tecnología.

Todas las actividades humanas, sin importar cuáles sean, involucran riesgos. Somos nosotros los que decidimos si asumimos o no el riesgo de cara a los beneficios. Los grupos radicales como el ITS podrían mejorar su poder de convencimiento si notaran un pequeño detalle: a saber, que las decisiones las tomamos las personas y no la tecnología.

Alfred Nobel inventó la dinamita en 1866 y se convirtió en un hombre rico con su invento. De inmediato, la dinamita encontró aplicaciones en la minería, la extracción de metales, así como en las industrias de la construcción y demolición. Sin embargo, uno puede poner dinamita en un paquete dirigido a alguien con la intención de matarlo. Esta decisión no la toma Alfred Nobel ni su invento; es la decisión de un criminal. El uso que se hace de los avances tecnológicos no es decisión de quienes los llevan a cabo. Son las sociedades, en toda la diversidad de sus expresiones, las que deciden qué hacer con el conocimiento. Esta es otra de las razones por las que todos debemos luchar por una mejor sociedad.

El sueño de volar es muy antiguo. Muy probablemente se remonta a los primeros momentos del hombre sobre la Tierra y al desarrollo de su imaginación. Sobre ello, como sobre muchos otros temas, los griegos nos dejaron una hermosa historia. Con la idea de escapar de su prisión en una isla, Dédalo construyó alas para él y para su hijo Ícaro, a las cuales les dio la forma de las alas de los pájaros y luego pegó con hilo y cera. Cuando consideraron estar listos para volar, Dédalo advirtió a su hijo que no volase demasiado alto porque el calor del sol derretiría la cera, lo cual desprendería las alas, ni demasiado bajo porque la espuma del mar las mojaría. Después de volar sobre las islas de Delos y Lebintos, el muchacho quiso alcanzar el sol y las consecuencias son de todos conocidas.

La historia del vuelo es fascinante porque representa, quizá de manera muy simbólica, las aspiraciones humanas y los sueños más profundos del alma. Y, sobre la importancia y los beneficios de volar, acerca de su impacto en nuestra sociedad, en el comercio y el intercambio de ideas, no es necesario decir nada porque para cualquiera es obvio.

Fue a finales del siglo XVIII cuando el ser humano consiguió elevarse por primera vez sobre la superficie terrestre en un globo lleno de aire caliente. Sin embargo, sabemos también que no mucho después de haber sido inventado el avión pasó a ser usado con fines militares. La Primera Guerra Mundial fue el primer conflicto armado en el que se utilizaron de manera intensa los aviones en misiones de ataque, y su actual uso con fines militares tampoco requiere de mayor explicación. El avión es hoy un arma militar imprescindible para todos los ejércitos del mundo. ¿Es ello motivo para pensar que el avión no debió haberse inventado? Los caballos no fueron inventados por nadie y han sido puestos al servicio de la guerra desde hace mucho tiempo. Y antes que ellos las piedras sirvieron para dar muerte al enemigo.

Con todo y lo que podamos abundar en el tema, mucho se ha logrado respecto al uso de armas químicas y biológicas. En 1925 se firmó el Protocolo de Ginebra, en el que se prohíbe el empleo de armas bacteriológicas, aunque en aquel momento no se logró que los países dejasen de producir, emplear y almacenar armas químicas. En 1972 se realizó la Convención en Ginebra sobre las Armas Biológicas y Toxínicas, en la que los países se comprometieron a seguir negociando un tratado que prohibiese el uso de armas químicas. En 1992, las negociaciones se concentraron en un texto que prohibe el desarrollo, producción, almacenamiento y empleo de armas químicas; y en 1993 quedó abierta a firma la Convención, a la que se adhirieron 130 países. Entró en vigor en 1997.

Deberíamos hacer mucho más en este sentido. Deberíamos trabajar por un uso adecuado del conocimiento. La historia de la Convención de Armas Biológicas y Químicas es solo una muestra de lo que se puede hacer al respecto y es también una muestra de que somos nosotros los que decidimos qué hacer con el desarrollo tecnológico.

No son los constructores de aviones los que decidieron usarlos para lanzar bombas; no son los químicos que hacen posible un mundo de medicinas, materiales y sustancias que mejoran nuestras vidas los que decidieron asesinar personas con armamentos tan deleznables. Son las sociedades, a través de sus gobernantes, de sus sistemas de resolución y de sus sistemas políticos y sociales, las responsables de las decisiones.

Dédalo le puso alas a su hijo Ícaro para liberarlo de su prisión y le advirtió también sobre las consecuencias de un uso inadecuado de las mismas pero fue Ícaro quien decidió usar las alas para tratar de alcanzar el sol y fue también él quien pagó las consecuencias.

MÉXICO, ALICE Y EL HIGGS

ALICE no es un experimento planeado para detectar el Higgs: fue diseñado para observar la colisión de iones pesados y a partir de ello estudiar la materia en condiciones extremas de presión, temperatura y densidad. ¿Pero qué tiene que ver entonces ALICE con el Higgs?

ALICE ha estudiado el mecanismo con que el Higgs se produce en la colisión de protón-protón, y en particular ha visto un proceso de producción en el que los protones no llegan a tocarse. Más aún, ha podido ver el proceso de producción del Higgs no solo en protón-protón, sino además en el roce de iones pesados en el que estos pasan de lado. A estas colisiones se les conoce como ultraperiféricas, precisamente porque los iones solo pasan cerca, rozándose apenas el uno con el otro sin llegar a chocar. Esta manera de producir el Higgs es muy interesante porque ofrece una manera de verlo excepcionalmente limpia, tanto que aparece solo en el detector.

¿Cómo puede ocurrir que dos partículas pasen de lado sin tocarse y aun así produzcan, al cruzarse, una interacción que genera partículas? Esto es posible por el hecho de que los protones y los iones no son en realidad entes perfectamente limitados en el espacio, sino que más bien llevan consigo una nube de fotones y gluones que los acompañan. Cuando dos de ellos pasan cerca, existe la posibilidad de que alguno de los fotones o de los gluones que lo visten choquen, produciendo así otras partículas.

Es posible que el Higgs se produzca cuando dos gluones que acompañan a los protones incidentes se fusionen, produciendo quarks que producen sin demora un Higgs. ALICE ha venido estudiando la posibilidad de este mecanismo en la producción de otras partículas que sí pueden ser vistas con el detector de manera muy eficiente. Al hacerlo no se observa al Higgs, pero sí el proceso idéntico que lo produce. El estudio de estos procesos, realizado por un grupo de mexicanos que ha estado involucrado desde hace tiempo en el análisis de los datos de ALICE, es muy importante y de gran interés a la hora de entender la mecánica detrás de la aparición del Higgs.

En el diagrama que describe el proceso microscópico es posible observar que al final solo quedan dos protones que siguen de manera tangencial sin ser vistos en el detector. Puesto que la reacción es muy suave, estos no cambian

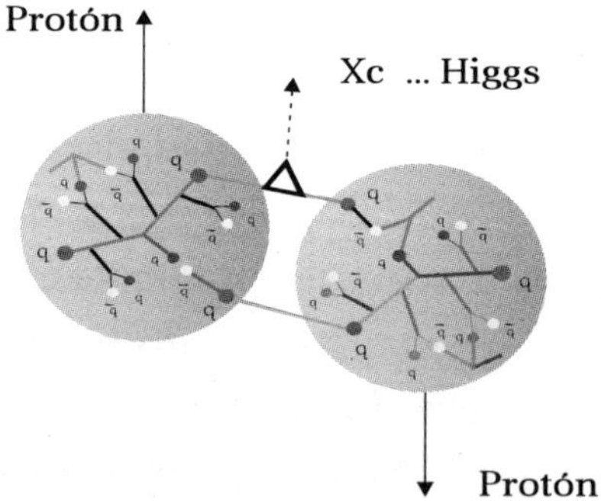

Figura 30. Interacción difractiva en la que los protones no se tocan y siguen siendo protones después de la reacción. En el proceso, un intercambio de gluones permite la producción de un mesón Xc de una manera idéntica a como se produce un Higgs.

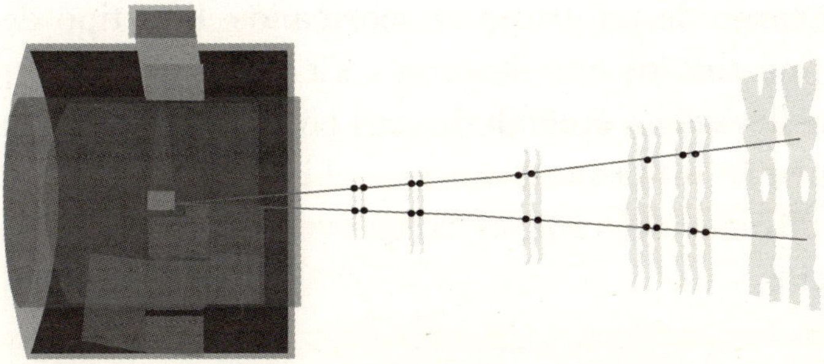

Figura 31. Evento real de la colisión de dos iones de plomo en la corrida de 2010 como fue visto por el experimento ALICE. En el detector no hay más actividad que la producida por el decaimiento del mesón J/Psi en dos muones que pueden ser vistos en el brazo de muones del detector. Estos eventos demuestran la posibilidad de observar al Higgs en un proceso parecido y, también, de esta manera tan limpia.

mucho la dirección de vuelo y siguen casi por donde venían con apenas una leve dispersión que los sacará de su trayecto a decenas de metros de ahí. Así, el Higgs aparece limpio en un evento dorado para el estudio de sus propiedades.

Fenómenos de este tipo existen y son bellísimos, como el lector puede corroborar en la figura que muestra un ejemplo observado en el detector ALICE: se trata de un fenómeno en el que no aparece nada más que las dos trayectorias de los productos del decaimiento y el detector queda completamente libre de toda actividad adicional.

Con eventos como este se valida la posibilidad de que, en el estado final de la reacción, aparezca eventualmente un Higgs de manera tan limpia como lo muestra aquí el mesón. Un Higgs limpio, sin más nada en el detector, será muy importante porque permitirá medir su masa de una manera más precisa a como ocurre en los procesos normales de colisiones.

La reacción es de por sí sorprendente porque el mesón parece surgir de la nada. Este experimento, tan atractivo y tan relevante para el estudio del Higgs, se lleva a cabo en ALICE y está a cargo de un grupo de mexicanos. Este tipo de fenómenos no son los que llevaron a su descubrimiento, pero sí los que llevarán a entenderlo. Las colaboraciones ATLAS y CMS disponen de un programa muy ambicioso para el estudio de física difractiva porque, como se puede inferir, tiene un gran potencial.

BONUS TRACK

LOS PROYECTOS CIENTÍFICOS MÁS COSTOSOS DE NUESTRO TIEMPO

El año 2008 ha marcado el inicio de una nueva época para la física de partículas elementales. En septiembre de ese año, en el CERN, se puso en marcha el acelerador más grande del mundo: el Gran Colisionador de Hadrones. Este se encuentra en la lista de los proyectos científicos más onerosos de nuestra época; sin embargo, como veremos, hay otros cuyo costo económico ha sido mayor.

El Programa Apollo

El Programa Apollo, anunciado por John F. Kennedy en 1961 y cuyo objetivo era poner al hombre en la Luna antes de finalizar la década, tuvo un costo de 135 000 millones de dólares. Es probablemente el más costoso de todos los tiempos. Dicho proyecto concluyó con éxito en julio de 1969, cuando Neil Armstrong y Edwin Buzz Aldrin alunizaron en el Mar de la Tranquilidad. La misión Apollo es uno de los logros tecnológicos más grandes en la historia de la humanidad, pues después del Apollo 11 seis misiones más lograron posarse sobre la superficie lunar, con el solo fracaso del Apollo 13, que no pudo concluir su meta por la explosión de un tanque de oxígeno líquido en el módulo de servicio. En su misión, Armstrong y Aldrin estuvieron solo dos horas y media caminando sobre la superficie lunar, mientras que en la del Apollo 17 los astronautas permanecieron tres días en el Valle de Taurus Littrow.

Es conveniente anotar que el Programa Apollo se desarrolló en el marco de la denominada Guerra Fría con el objetivo de consolidar el liderazgo de los Estados Unidos en la carrera por la conquista del espacio. Por ello es comprensible que en todas las misiones viajaran militares, con excepción de la última, en la cual se incluyó en la tripulación a un científico. Por tanto, si bien podemos considerar el proyecto como científico —por toda la tecnología utilizada—, la motivación, la gerencia y los objetivos del proyecto fueron evidentemente militares.

La Estación Espacial Internacional

El segundo proyecto científico más costoso de los tiempos modernos es el de la Estación Espacial Internacional, en el que se invirtieron 100 000 millones de dólares, aunque en su financiamiento —a diferencia del Programa Apollo— intervinieron varios países. En la estación colaboran Estados Unidos, Rusia, Japón, Canadá y Europa (a través de la Agencia Espacial Europea). También participa la Agencia Espacial Brasileña a través de un contrato separado con la NASA.

La Estación Espacial Internacional orbita alrededor de la Tierra a una altura de 360 km y completa una vuelta al planeta en una hora y media. Desde que el primer equipo llegó a dicha estación, en noviembre de 2000, siempre ha habido presencia humana, con al menos dos personas a bordo. Otro rasgo que diferencia a este proyecto de cooperación internacional del Programa Apollo es su marcada intención política, no obstante que sus objetivos son científicos y tecnológicos.

La bomba atómica

Uno de los proyectos más famosos es sin duda el Proyecto Manhattan, que se desarrolló en Estados Unidos, con apoyo parcial de Inglaterra y Canadá entre 1939 y 1945, durante la Segunda Guerra Mundial. El objetivo del proyecto fue construir la primera bomba atómica. Es probablemente el tercer proyecto más costoso de nuestros días (25 000 millones de dólares). Concluyó con la detonación de una bomba de prueba el 16 de julio de 1945 en Alamogordo (Nuevo México) y dos más el 6 y 9 de agosto, en Hiroshima y Nagasaki (Japón), respectivamente, que causaron miles de muertes y daños al medioambiente. Tan solo para finales de 1945 la estimación era de 140 000 muertos en Hiroshima y 80 000 en Nagasaki, aunque el número de víctimas por efectos de la radiación seguramente acabó duplicando la cifra de los fallecidos por la detonación. No puede considerarse estrictamente científico ni por su motivación ni por sus objetivos.

Sistema de Posicionamiento Global

El GPS o SPG (Global Positioning System o Sistema de Posicionamiento Global) se conforma por una constelación de entre 24 y 32 satélites que transmiten señales precisas de microondas que permiten a los receptores determinar la localización, velocidad, dirección y tiempo de objetos sobre la superficie terrestre. El proyecto fue desarrollado por el Departamento de Defensa de los Estados Unidos y es administrado por la Fuerza Aérea Norteamericana.

En 1983, Ronald Reagan ordenó liberar el sistema para usos civiles; desde entonces, el GPS se ha convertido en un auxiliar de navegación en todo el mundo, pero tiene muchas otras aplicaciones: por ejemplo, su uso hace posible la elaboración de mapas o estudios de terreno. Además, el GPS provee de señales de tiempo muy precisas que permiten estudiar sismos, así como sincronizar las redes de telecomunicaciones.

La Fuerza Aérea estadounidense invertió 14 000 millones de dólares en el desarrollo del proyecto desde 1973 hasta 2000. Dado que los costos de operación, investigación y desarrollo continúan, es difícil estimar la inversión real.

El telescopio espacial Hubble

El telescopio espacial Hubble fue puesto en órbita en 1990 por el transbordador espacial. Aunque no es el único ni el primer telescopio espacial, sí es uno de los más grandes y más versátiles. El proyecto surge de una colaboración entre Estados Unidos, a través de su agencia espacial (NASA), y la Unión Europea a través de la European Space Agency, con una inversión de 6000 millones de dólares.

El telescopio Hubble ha tomado las imágenes más nítidas del universo y ha contribuido a medir su tasa de expansión; además es el único diseñado para recibir servicio en el espacio: en cuatro misiones de mantenimiento se han reparado varios subsistemas y se han reemplazado instrumentos de observación por otros más modernos. El Hubble seguirá enviando imágenes hasta el año 2013. Un nuevo proyecto, el telescopio espacial James Webb (James Webb Space Telescope o JEWS, en inglés) está programado para ser lanzado en 2018. Este nuevo aparato es sensible en el infrarrojo, mientras que el telescopio Hubble observa en el visible y el ultravioleta.

Una fuente de energía limpia y eterna

El ITER (International Thermonuclear Experimental Reactor o Reactor Termonuclear Experimental Internacional está programado para construir un reactor termonuclear en diez años y durar veinte años más en operación. Se trata de un reactor peculiar, pues se pretende que pueda reproducir los procesos que ocurren en el centro del Sol. El sueño es lograr construir una fuente de energía inagotable, limpia y segura.

La palabra *iter* significa «camino» en latín. Este doble sentido en el nombre del proyecto indica que con el reactor no se pretede generar electricidad de manera rentable, sino mostrar la viabilidad científica y tecnológica de producir energía por fusión, que es el proceso por el cual varios núcleos atómicos se unen para formar uno más pesado. Este proceso va acompañado de liberación de energía; el calor que se genera lleva a la materia a un estado de plasma que debe permanecer confinado para lograr sostener el proceso que permita la generación continua de energía.

Este proyecto, que se construye en Cadarache (Francia), tiene un costo de 14 000 millones de dólares, aportados por los países de la Unión Europea, India, Japón, China, Rusia, Corea del Sur y Estados Unidos. Se espera tener el primer plasma en el año 2018 y, de acuerdo con el diseño original, deberá producir 500 MW a través de la fusión sostenida por hasta mil segundos.

El Gran Colisionador de Hadrones

El Gran Colisionador de Hadrones (GCH) o Large Hadron Collinder (LHC) es el instrumento científico más grande jamás construido y con el cual se puede observar la estructura de la materia a la escala de una 10 000 millonésima del tamaño de un protón. El acelerador permite realizar choques de partículas a energías gigantescas que recrean las condiciones que prevalecían una fracción de milésima de segundo después del *big bang*, la gran explosión que dio origen al universo hace 13 800 millones de años. Con esta máquina se podrán buscar nuevas partículas y nuevos estados de la materia. Se trata de recrear un pequeño fragmento del Génesis.

El Gran Colisionador de Hadrones podría producir una revolución en nuestra manera de pensar, pues podría cambiar nuestra manera de ver la materia y sus interacciones y con esto nuestra visión del mundo. La resistencia de los cuerpos al movimiento —es decir, su masa— parece provenir de un campo que llena todo el espacio y que se manifiesta como una partícula a la que se ha llamado Higgs. Los experimentos que se realizan en el GCH la observaron por primera vez, completando así el marco del Modelo Estándar que nos ofrece una descripción del mundo.

Si existen dimensiones espaciales más allá de las tres en las que vivimos, el Gran Colisionador de Hadrones podría demostrarlo.

El GCH tiene una circunferencia de 27 km —lo que lo hace el acelerador más grande del mundo— y está formado por 9300 imanes superconductores de diversos tipos para guiar a las partículas a lo largo de la curva del anillo, así como para enfocarlas en algunos puntos. Entre estos imanes están 1232 dipolos que producen un campo magnético de 8.4 teslas.

Campus Meyrin en Suiza de la Organización Europea de Investigación Nuclear (CERN). © CERN

No fue fácil hacer dipolos capaces de producir este campo magnético, pero mantenerlos fríos requiere del sistema criogénico más grande del mundo. Todos los imanes son enfriados primero a −193.2 °C con la ayuda de 10 000 t de nitrógeno líquido; luego se necesitan 60 t de helio líquido para llevar la temperatura de los imanes a −271.3 °C, muy cerca del cero absoluto.

En esta máquina se hacen circular protones en una dirección del anillo a una velocidad muy cercana a la de la luz (99.9999991 %). Los protones que circulan en la dirección contraria llevan la misma energía y, cuando se los hace chocar, la violencia de la colisión es de 14 TeV: la más alta jamás lograda.

El electronvoltio es una unidad de energía que usan los físicos. Equivale a la energía que adquiere un electrón cuando se lo pone a una diferencia de potencial de un voltio. La energía del GCH es 14 TeV, es decir, un millón de millones de electronvoltios.

El GCH también acelera iones pesados de plomo y los hace chocar entre sí. Con esto, en el minúsculo espacio de la colisión se producen temperaturas que son 100 000 veces mayores a las que existen en el centro del Sol.

El proyecto Gran Colisionador de Hadrones tiene un costo de 6000 millones de dólares, lo que lo coloca como el séptimo proyecto más costoso de los últimos años, pues, como hemos visto, lo superan el Programa Apollo, la Estación Espacial Internacional, el Proyecto Manhattan, el Sistema de Posicionamiento Global (SPG), el Proyecto ITER y el telescopio Hubble. Es, además, un proyecto notoriamente científico y ampliamente internacional.

El proyecto Genoma Humano

El proyecto para descifrar el genoma humano inició en 1990 y concluyó exitosamente en 2003. Fue coordinado por el Departamento de Energía y los Institutos de Salud de los Estados Unidos. Al inicio del proyecto se contó con la contribución de Japón, Francia, Alemania, China y otros países.

En 2003, dos años antes del plan original, el entonces presidente de los Estados Unidos, Bill Clinton, y Tony Blair, primer ministro de Inglaterra, anunciaron el resultado del proyecto de manera conjunta. El proyecto logró identificar aproximadamente 20 000 genes del ADN humano y determinó la secuencia de 3000 millones de pares de bases químicas que lo forman, guardó esta información en una base de datos, mejoró las herramientas de análisis de la información y transfirió tecnologías al sector privado. Aunque el proyecto ya ha finalizado, el análisis de los datos continuará por muchos años.

Este proyecto tuvo un costo de 3000 millones de dólares, lo que lo ubica como uno de los ocho más costosos de nuestros tiempos.

Proyecto	Costo (miles de millones de dólares)	Tiempo	Tipo de proyecto
Programa Apollo	135	1961-1970	Nacional (EE. UU.)
Estación Espacial Internacional	100	1980-	Internacional
Proyecto Manhattan	25	1939-1945	Nacional (EE. UU., con apoyo parcial de Inglaterra y Canadá)
Sistema de Posicionamiento Global	14	1973-2000 (Fase I)	Nacional (EE. UU.)
ITER	14	2006-2036	Internacional
Telescopio espacial Hubble	6	1990-2013	Internacional (EE. UU., Europa)
Gran Colisionador de Hadrones	6	1994-2015	Internacional
Genoma Humano	3	1990-2003	Nacional

Símbolos utilizados en este libro

A	amperes
cm	centímetros
eV	electronvoltio
fs	femtosegundo
GeV	gigaelectronvoltio
Kcal	kilocaloría
KeV	kiloelectronvoltio
kg	kilogramo
km	kilómetro
MeV	megaelectronvoltio
MHz	megahertz
m	metro
µm	micrómetro
mm	milímetro
ns	nanosegundo
s	segundo
t	tonelada
V	voltio
°C	grado Celcius
°K	grado Kelvin

ÍNDICE

El Gran Colisionador de Hadrones.
Historias del laboratorio más grande del mundo,
de Gerardo Herrera Corral,
fue impreso en los talleres de Impresora y Editora Infagon, S. A. de C. V.
Escobillería número 3, colonia Paseos de Churubusco, México, D. F.
Impreso en México - Printed in México
El cuidado de la edición estuvo a cargo
de Elizabeth Moreno y Francisco Alcaraz.
El tiraje fue de 3000 ejemplares.